甘肃省在线精品课程配套教材

单片机技术与应用

主　编◎武泽强　李　力
参　编◎姚彦龙　王永良　孙　艳

U0241308

重庆大学出版社

内容提要

本书是职业教育机电类专业工作手册式教材,依据教育部《中等职业学校机电技术应用专业教学标准》,并参考中职单片机技能大赛要求编写。

本书采用项目式设计,以任务为驱动,聚焦真实工作任务,主要介绍单片机控制 LED 灯、数码管、按键、液晶等元件的程序编程、软件仿真和实物制作,C 语言的基本语句、函数、变量、定时/计数器和中断等知识。

本书对应在线课程在"学银在线"和"智慧树"两个平台运行。书中的知识点、表单、程序、原理图和作业可扫描书中二维码。配套电子教案、教学课件等辅助教学资源,请登录重庆大学出版社官网获取。

本书可用作中等职业学校机电类专业的教材,也可用作岗位培训用书。

图书在版编目(CIP)数据

单片机技术与应用 / 武泽强,李力主编. -- 重庆:
重庆大学出版社,2024.8. -- ISBN 978-7-5689-4725-1

Ⅰ. TP368.1

中国国家版本馆 CIP 数据核字第 2024RJ4992 号

单片机技术与应用

DANPIANJI JISHU YU YINGYONG

主 编 武泽强 李 力
参 编 姚彦龙 王永良 孙 艳
策划编辑:范 琪

责任编辑:文 鹏   版式设计:范 琪
责任校对:关德强   责任印制:张 策

*

重庆大学出版社出版发行
出版人:陈晓阳
社址:重庆市沙坪坝区大学城西路 21 号
邮编:401331
电话:(023) 88617190   88617185(中小学)
传真:(023) 88617186   88617166
网址:http://www.cqup.com.cn
邮箱:fxk@ cqup. com. cn(营销中心)
全国新华书店经销
重庆正文印务有限公司印刷

*

开本:787mm×1092mm   1/16   印张:14.5   字数:346 千
2024 年 8 月第 1 版   2024 年 8 月第 1 次印刷
ISBN 978-7-5689-4725-1   定价:49.80 元

前　言

　　本书是针对中等职业学校学生编写的工作手册式教材,依据教育部《中等职业学校机电技术应用专业教学标准》,并参考中职单片机技能大赛要求编写而成。

　　本书在编写时,为了适应职业教育的教学需要,采用了项目指导、任务引领的方式。为体现职业教育的特色和理实一体化的课程内涵,本书将单片机技术有关的硬件知识和软件知识进行了重构,将其有机地融合在每个项目的任务中。通过任务的实施,让学生在学习单片机基础知识的同时,会开发简单的单片机系统。

　　为了适应新时期职业教育育人的要求,本书在编写时有机地融合了企业"6S"标准,融入了严谨规范职业道德、精益求精工匠精神,追求卓越创新精神等思政元素。课程从中职生自身发展需要、企业对职业学校毕业生要求和国家对职业学校学生要求3个维度出发,开发了独特的思政育人模式。

　　本书由6个项目组成,主要介绍了单片机的基本结构、工作原理,单片机控制 LED 灯、数码管、按键、液晶等元件的程序编程、软件仿真和实物制作,以及单片机学习需要掌握的 C 语言的基本语句、函数、变量、定时/计数器和中断等知识;插入了大量的二维码,将重、难点知识制作成微课视频,将表单、程序、原理图和作业等做成数字资源。学生扫描书中的二维码可以很容易地获得配套的数字资源。

　　本书由甘肃省农垦中等专业学校武泽强、李力老师担任主编,武泽强负责全书统稿工作。其中,项目2、项目5、项目6由武泽强负责编写,项目1、项目3、项目4由李力负责编写。姚彦龙、王永良、孙艳参与编写。甘肃省农垦中等专业学校领导和同事为本书编写提供了大力支持和帮助,并对本书的编写提出了很多宝贵意见。在此,谨向各位专家、领导和同事致以衷心的感谢。

　　由于编者水平有限,书中难免有错误和不足之处,恳请各位读者批评指正,以便进一步完善。读者意见反馈邮箱:nkzz_wzq@163.com。

编　者

2024 年 3 月

目　录

项目1

走进单片机世界

单片机作为一种微型控制器,在科学研究、工业生产、智能仪表、汽车工业、航天航空等行业都有着广泛的应用。近年来,随着人工智能和物联网技术的发展,单片机技术成为学习人工智能和物联网技术的基础。学会、学好单片机技术对自动化、机电技术和自动控制相关专业的学生十分重要。本项目由制作单片机最小系统、创建 Keil C51 工程模板和搭建 Proteus 仿真电路图 3 个任务组成,讲解单片机项目开发所需要掌握的最小电路、编程软件和仿真软件,是学习单片机最基础的知识。通过项目学习,让我们一起走进单片机的世界,探索单片机的奥秘吧。

【知识目标】

1. 知道单片机的定义、种类和工作时序。

2. 掌握单片机的内部机构。

3. 掌握单片机的最小系统。

微课视频

【技能目标】

1. 会制作单片机最小系统。

2. 会用 Keil C51 创建工程模板。

3. 会用 Proteus 绘制单片机最小系统电路图。

【情感目标】

1. 了解我国芯片发展史,树立科技强国的意识。

2. 了解企业"6S"标准在生产实训中的运用。

3. 理解工作任务单在生产实训中的重要作用,树立规范操作的工作意识。

【学习导航】

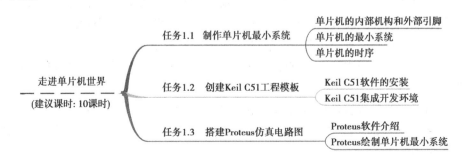

任务 1.1　制作单片机最小系统

微课视频

一、任务情境

设计一个单片机最小系统,要求电路简洁实用、电源分布合理、系统资源开放、引脚全部引出,可以供后续项目使用。

二、任务分析

单片机是一块具有极强功能的超大规模集成电路芯片。在没有外围电路支撑时,一块独立的单片机是无法工作的。单片机最小系统是指由最少的电子元件组成可以让单片机工作的系统,是单片机可以工作的最小电路。它是单片机控制系统中最基础的电路。后续所有的项目都是在单片机最小系统的基础上进行的。

制作单片机最小系统,首先要考虑的是芯片供电。不同的单片机对电源电压的要求是不同的。51 单片机的供电电压为直流 5 V,一些低功耗的单片机采用直流 3.3 V 的供电。为了避免输出电源杂波对单片机的运行产生影响,可以在电源输入侧并联一个 4.7 μF 的电解电容进行抗干扰处理。

按照任务要求,最小系统的资源要开放。在电路板制作时,可以用排针将单片机的各个引脚引出。引脚排列要紧凑,方便使用。

三、知识链接

微课视频

1.单片机的简介和种类

(1)单片机的简介

单片机又称单片微处理器(Micro Control Unit,MCU)。它是一种集成电路芯片,采用超大规模集成电路技术,把具有数据处理能力的中央处理器(CPU)、内部数据存储器(RAM)、内部程序存储器(ROM)、输入输出接口电路、定时器/计时器及串口通信等,集成在一块半导体芯片上,构成一个小而完善的计算机系统。

(2)单片机的种类

①根据应用范围的不同,单片机分为专用型和通用型两种。

a.专用型单片机是针对某种产品或某种控制应用而专门设计的。设计时已经对系统机构进行简化处理,使硬件、软件资源利用最优化。其可靠性高,应用场合和范围专一。

b.通用型单片机是一种通用芯片。它的内部资源比较丰富,性能全面而且实用性强,能够满足多种应用需要。用户可以根据需要设计成各种不同应用的控制系统,具有通用性强、运用范围广泛的特点。

②按片内存储器配置容量的不同,单片机分为 51 子系列和 52 子系列。

a.51 子系列单片机是基本产品,其片内带有 4 kB ROM、128 kB RAM、两个 16 位定时器/计时器和 5 个中断源。

b. 52 子系列单片机是单片机的增强型产品,其片内带有 8 kB ROM、256 kB RAM、3 个 16 位定时器/计时器和 6 个中断源。

2. 单片机的内部结构和外部引脚

微课视频

(1) 单片机的内部结构

51 单片机内部包含中央处理器、程序存储器、数据存储器、定时器/计时器、并行接口、串行接口和中断系统,以及数据总线、地址总线和控制总线等。其内部结构框图如图 1.1.1 所示。

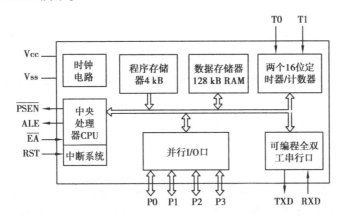

图 1.1.1 51 单片机的内部结构

1) 中央处理器 (CPU)

中央处理器是单片机的核心,是 8 位数据宽度的处理器,能够处理 8 位二进制数据和代码。中央处理器由运算器和控制器组成。运算器的主要功能是对数据进行各种运算,包括加、减、乘、除等基本运算,与、或、非等逻辑运算和数据比较、位移等操作。控制器是单片机的指挥控制器件,相当于人的大脑,它控制和协调整个单片机的工作。

2) 内部数据存储器 (RAM)

51 单片机内部共有 256 个 RAM 单元,可以进行读写操作,掉电后数据会丢失。其中,高 128 个单元被专用寄存器占用,称为特殊功能寄存器;低 128 个单元供用户使用,用于暂存中间数据,通常说的内部数据存储器是指低 128 个单元。

3) 内部程序存储器 (ROM)

51 单片机内部共有 4 kB 掩膜 ROM,用于存放程序或程序运行过程中不会改变的原始数据,通常称为程序存储器。

4) 并行 I/O 口

51 单片机内部共有 4 个 8 位并行 I/O 口 (P0、P1、P2 和 P3),可以实现数据的并行输入和输出。

5) 串行口

51 单片机内部有一个全双工异步串行口,可以实现单片机和其他设备之间的串行数据通信。该串口既可以作为全双工异步通信收发器使用,也可以作为异步移位器使用。

6）定时器/计数器

51 单片机内部有两个 16 位可编程定时器/计数器，实现定时和计数功能。

7）中断系统

中断系统相当于"传达室"，当 CPU 执行正常程序时，如果接收到一个中断请求，可经过"传达室"通报给 CPU，CPU 就停止当前正在执行的程序，转向中断程序。执行完中断程序后再返回执行中断前的程序。

51 单片机有 5 个中断源，包括两个外部中断源、两个定时/计数中断源和一个串行中断源。

8）时钟电路

时钟电路是一个振荡器，它的作用是为单片机工作提供一个节拍。单片机在执行各种运算和控制时必须有时钟信号才能进行。时钟信号频率越高，内部电路工作速度越快。51 单片机内有时钟电路，但石英晶体和微调电容需外接，系统晶振频率通常选择 6 MHz、12 MHz 或 11.059 2 MHz。

综上所述，虽然 51 单片机只是一个芯片，但它包含了计算机的基本部件。可将单片机看作一个微型的计算机系统。

（2）单片机的外部引脚

单片机封装不同，其外部形态也不同，对采用标准 40 引脚双列直插式封装（Dual In-line Package，DIP），其外形和引脚排列如图 1.1.2 所示。引脚功能见表 1.1.1。

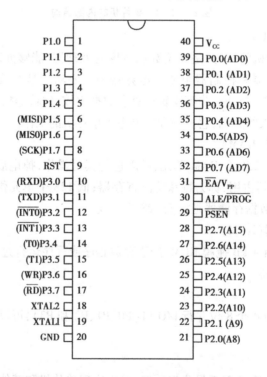

图 1.1.2   DIP 封装单片机引脚排列图

表 1.1.1　单片机引脚功能表

引脚名称	引脚功能
P0.0—P0.7	P0 口 8 位双向端口线
P1.0—P1.7	P1 口 8 位双向端口线
P2.0—P2.7	P2 口 8 位双向端口线
P3.0—P3.7	P3 口 8 位双向端口线
ALE	地址锁存控制信号
$\overline{PSEN}$	外部程序存储器读选通信号
$\overline{EA}$	访问程序存储控制信号
RST	复位信号
XTAL1 和 XTAL2	外接晶体引线端
V_{CC}	+5 V 电源
GND	地线

1）电源和接地引脚（两个）

GND（PIN20）：接地脚。

V_{CC}（PIN40）：正电源脚，正常工作或对片内 EPROM 烧写程序时，接+5 V 电源。

2）外接晶体引脚（两个）

XTAL1（PIN19）：时钟 XTAL1 脚，片内振荡电路的输入端。

XTAL2（PIN18）：时钟 XYAL2 脚，片内振荡电路的输出端。

知识加油站

　　在 51 单片机片内有一个高增益的反相放大器，反相放大器的输入端为 XTAL1，输出端为 XTAL2，由该放大器构成的振荡电路和时钟电路一起构成单片机的时钟方式。根据硬件电路的不同，单片机的时钟连接方式可分为内部时钟方式和外部时钟方式。内部时钟方式如图 1.1.3 所示，该方式下需在 18 和 19 脚外接 6～12 MHz 的石英晶体和容值 30 pF 左右的振荡电容。对外接时钟电路，要求 XTAL1 接地，XTAL2 脚接外部时钟，对外部时钟信号并无特殊要求，只要保证一定的脉冲宽度，时钟频率低于 12 MHz 即可。单片机通常使用的是内部时钟方式，以后无特殊说明，所有的时钟电路都是内部时钟方式。

3）输入/输出引脚（32 个）

P0.0—P0.7（PIN39—PIN32）：P0 口是一个 8 位漏极开路的双向 I/O 口，它是一个多功能口。在访问外部存储器时，作为低 8 位地址总线和数据总线的复用总线。在没有外部存储器时，P0 口作为普通并行 I/O 口使用，由于内部缺少上拉电阻，所以要输出高电平时，须接上拉电阻。它的带负载能力为 8 个 LSTTL 门电路。

P1.0—P1.7（PIN1—PIN8）：P1 口是一个带有内部上拉电阻的 8 位准双向 I/O 口。它通常用作通用 I/O 口,能带动 4 个 LSTTL 门电路。

P2.0—P2.7(PIN21—PIN28):P2 口是一个带有内部上拉电阻的 8 位准双向 I/O 口,它是一个多功能口。在访问外部存储器时,作为高 8 位地址总线;在没有外部存储器时,可作为通用 I/O 口使用。可带动 4 个 LSTTL 门电路。

P3.0—P3.7(PIN10—PIN17):P3 口是一个带有内部上拉电阻的 8 位准双向 I/O 口,它是一个多功能口。P3 口的第一功能是作为通用 I/O 口,第二功能见表 1.1.2。

表 1.1.2　P3 口各引脚的第二功能

引脚名称	第二功能	引脚名称	第二功能
P3.0	串行数据输入	P3.4	定时/计数器 0 的外部输入
P3.1	串行数据输出	P3.5	定时/计数器 1 的外部输入
P3.2	外部中断 0 申请	P3.6	外部 RAM 或外部 I/O 写选通
P3.3	外部中断 1 申请	P3.7	外部 RAM 或外部 I/O 读选通

4)控制引脚

①RST/VPD(PIN9):复位信号引脚。此引脚上有两个机器周期以上的高电平将使单片机复位。一般在此引脚与电源地 GND 之间连接一个下拉电阻,与电源 V_{cc} 引脚之间连接一个电容。此外,RST/VPD 还是一个复用脚,在 V_{cc} 掉电期间,此脚可接备用电源,当电源电压下降到下限值时,备用电源经此端向内部 RAM 提供电压,以保证内部 RAM 中的数据不丢失。

知识小贴士

　　51 单片机的 I/O 口驱动能力不尽相同,分为灌电流(Sink Current)和拉电流(Sourcing Current)。P0 口驱动能力最强,单个引脚允许接入的最大灌电流为 10 mA,P0 口总的最大灌电流为 26 mA。其他 3 个端口(P1、P2 和 P3)允许接入总的最大灌电流为 15 mA。所有端口的最大灌电流为 71 mA。51 单片机各个 I/O 口的拉电流都较小,一般为 1 mA 左右。

　　灌电流是指电流由外器件流入单片机的电流,此时的单片机 I/O 端口输出低电平;拉电流是指电流由单片机流向外器件的电流,此时的单片机 I/O 端口通过上拉电阻输出高电平。

---

②ALE/PROG(PIN30):地址锁存允许信号。当访问外部存储器时,ALE(允许地址锁存)的输出用于锁存地址的低 8 位;当不访问外部存储器时,ALE 端可用作对外输出的时钟,时钟频率为石英晶振振荡频率的 1/6。另外,ALE/PROG 是一个复用脚,在编程期间,PROG 将用于输入编程脉冲。

③PSEN(PIN29):外部程序存储器的读选通信号。在读外部 ROM 时,PSEN 低电平有效,实现对外部程序存储器的读操作。

④EA/V_{PP}(PIN31):程序存储器的内外部选通线。当 EA 接低电平时,只对外部程序存储器进行读操作;当 EA 接高电平时,对 ROM 的读操作从内部程序存储器开始,内部程序存储

器溢出后读取外部程序存储器。51单片机内置有4 kB的程序存储器，当$\overline{EA}$信号为高电平并且程序地址小于4 kB时，读取内部程序存储器指令数据；当程序地址超过4 kB时读取外部指令数据。

3.单片机最小系统

单片机最小系统是指单片机能够工作的最小电路。它包括时钟电路和复位电路。时钟电路为单片机工作提供基本时钟，复位电路用来复位单片机内部电路的状态。

（1）单片机时钟电路

单片机是一个复杂的同步时序电路，为了保证同步工作方式的实现。电路应在唯一的时钟信号控制下严格地按时序进行工作。时钟电路用于产生单片机工作所需要的时钟信号。

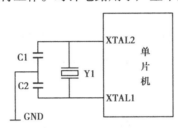

图1.1.3 时钟电路图

在51单片机内部有一个高增益反相放大器。其输入端引脚为XTAL1，输出端引脚为XTAL2。只要在XTAL1和XTAL2之间跨接晶体振荡器和微调电容，就可以构成一个稳定的自激振荡器，如图1.1.3所示。晶体振荡器的频率越高，单片机的运行速度越快，一般情况晶体振荡器的频率取6 MHz或12 MHz，在串口通信中，为了获得特定的波特率，晶体振荡器的频率为11.059 2 MHz。微调电容也称为负载电容，它是晶体振荡器的起振电容，起到让晶体振荡器起振和稳定运行的作用，一般容值为（30±10）pF。为了减少寄生电容，更好地保证晶体振荡器稳定、可靠地工作。在电路制作时，晶体振荡器和微调电容要尽可能靠近单片机的XTAL1和XTAL2引脚。

（2）单片机复位电路

无论是在单片机刚开始上电，还是断电或者发生故障后的重启，都需要复位。单片机复位电路是将单片机系统恢复到初始状态。通过复位，程序计数器PC＝0x0000H，程序重新从0000H地址单元开始执行。

单片机复位的条件是：在RST（第9引脚）加上持续两个机器周期（即24个脉冲振荡周期）以上的高电平。如果时钟频率为12 MHz，每个机器周期为1 μs，则需要加上持续2 μs以上时间的高电平。单片机常见的复位电路有两种：一种是上电自复位电路，如图1.1.4（a）所示；另一种是带按键的上电自复位电路，如图1.1.4（b）所示。上电自复位电路是利用电容充电来工作的。上电瞬间，电容的电压不能突变，RST端的电位与电源V_{CC}相同。随着电容充电，充电电流逐渐减少，RST端的电位逐渐下降，最后降到低电平，单片机完成复位。RST端电位下降的时间与电解电容C的容值和电阻R的阻值有关。这两个的值越大，它们构成的RC电路的充电时间就越长，复位完成的时间也就越长。为了保证可靠复位，一般R的值取

10 kΩ 左右,C 的值不小于 10 μF。带按键的上电自复位电路是在上电自复位电路的基础上加一个按键,上电复位情况和前一个电路相同。单片机出现非正常运行时,按下按键 S,RST端接入 R2 电阻的分压值,如果 R2 的值比 R1 的值大很多,就可以保证 RST 端接高电平。如果 R1 取 1 kΩ,R2 取 10 kΩ,RST 端的电压就接近 5 V。

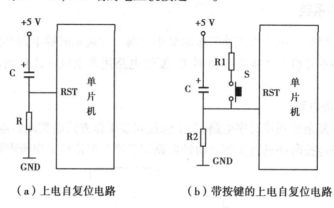

(a)上电自复位电路   (b)带按键的上电自复位电路

图 1.1.4   单片机复位电路图

经验小贴士

电解电容是电容的一种,它在电路中起滤波、退耦和时间常数设定等作用。电解电容是有极性的,在使用时正负极不能接反,否则会损坏电容。电解电容正负极判断方法:①观察引脚长短,引脚长的为正极,短的为负极;②观察外壳,外壳上标出了负极,有一排的"－"符号的为负极(图 1.1.5)。

图 1.1.5   电解电容外壳

---

4. 单片机的时序

微课视频

单片机的时序是指单片机执行指令时发出的控制信号的时间序列。这些控制信号在时间上的相互关系就是 CPU 的时序,它是一系列具有时间顺序的脉冲信号。51 单片机的时序可以用定时单位来说明,与定时单位有关的概念分别为时钟周期、机器周期和指令周期。

(1)时钟周期

时钟周期是单片机的基本时间单位,若时钟的晶体振荡器频率为 f_{OSC},则时钟周期 $T_{OSC} = 1/f_{OSC}$。

(2)机器周期

CPU 完成一个基本操作所需要的时间称为机器周期,如单片机每访问一次存储器的时间。它是单片机执行程序的时间基准,就像人们日常生活中使用的秒一样。单片机中一个机器周期包括 12 个时钟周期,如果单片机的时钟频率为 12 MHz,那么它的时钟周期是 1/12 μs,一个机器周期就应该等于 12×1/12 μs,也就是 1 μs。

单片机中一个机器周期包括 12 个时钟周期,分为 6 个状态 S1~S6。每个状态又分为两个节拍,前半周期对应的节拍为 P1,后半周期对应的节拍为 P2。一个机器周期可以表示为 S1P1、S1P2、S2P1、S2P2、…、S6P1、S6P2。

(3)指令周期

CPU 执行一条指令的时间称为指令周期。每条指令的执行时间要占 1 个或几个机器周期。

四、任务实施

1. 电路搭建

表 1.1.3 硬件电路图

名称	单片机最小系统电路图			检索编号	XM1-01-01		
硬件电路							
	编号	名称	参数	数量	编号	名称	参数	数量
元件清单	U1	单片 AT89C51	DIP40	1	R2	电阻	10 kΩ,1/4W,1%	1
	R1	电阻	1 kΩ,1/4 W,1%	1	Y1	晶体振荡器	12 MHz 49 s	1
	C1	电解电容	22 μF/25 V	1	C1	瓷片电容	22 pF	1
	S1	微动开关	6*6*4.5	1	C2	瓷片电容	22 pF	1

2. 实物制作

微课视频

表1.1.4　实物制作工序单

任务名称		单片机最小系统制作工序单		检索编号	XM1-01-02
专业班级			小组编号	小组负责人	
小组成员				接单时间	
工具、材料、设备		计算机、恒温焊台、直流稳压可调电源、万用表、双踪示波器、元器件包、任务PCB板、电子焊接工具包、SPI下载器			
工序名称	工序号	工序内容	操作规范及工艺要求		风险点
任务准备	1	技术交底会	掌握工作内容,落实工作制度和"四不伤害"安全制度		对工作制度和安全制度落实不到位
	2	材料领取	落实工器具和原材料出库登记制度		工器具领取混乱,工作场地混乱
元件检测	3	对照表1-1-3"元件参数",检测各个元器件	落实《电子工程防静电设计规范》(GB 50611—2010)		(1)人体静电击穿损坏元器件 (2)漏检或错检元器件
焊接	4	芯片底座焊接	按照普通手工焊要求进行,芯片底座豁口和电路图一致		(1)底座焊反 (2)底座虚焊或短接 (3)过温引起焊盘脱离
	5	时钟电路焊接	(1)晶体振荡器和瓷片电容要尽可能靠近单片机焊接,形成"π型滤波" (2)晶振焊接要在2 s内完成,焊接温度在300 ℃以内		(1)晶振高温损坏 (2)焊接导致电路寄生电容大,引起晶振运行不稳定
	6	复位电路焊接	按照普通手工焊要求进行		(1)电容极性焊反 (2)过温引起焊盘脱离
	7	I/O口引脚和电源引脚	按照普通手工焊要求进行		(1)底座虚焊或短接 (2)过温引起焊盘脱离
调试	8	无芯片开、短路测试	在没有接入单片机时,电源正负接线柱电阻接近无穷		(1)焊点开路 (2)焊点短路
	9	安装单片机芯片	落实《电子工程防静电设计规范》(GB 50611—2010)。拿单片机时要戴手套和防静电手环;安装时要对准底座豁口		(1)人体静电击穿损坏单片机芯片 (2)单片机芯片装反

续表

工序名称	工序号	工序内容	操作规范及工艺要求	风险点
调试	10	带芯片测试	测试要点： (1)单片机工作电压是否正常 (2)复位电路是否正常 (3)晶振及两个电容的数值是否正确,万用表测量单片机晶振的两个管脚,大约2 V	单片机最小系统不能正常工作
任务结束	11	工作场所清理	符合企业生产"6S"原则,做到"工完、料尽、场地清"	
	12	材料归还	落实工器具和原材料入库登记制度,耗材使用记录和实训设备使用记录	工器具归还混乱,耗材设备使用未登记
	13	任务总结会	总结工作中的问题和改进措施	总结会流于形式,工作总结不到位
时间			教师签名:	

3.考核评价

表 1.1.5　任务考评表

名称		单片机最小系统制作考评表		检索编号	XM1-01-03	
专业班级			学生姓名		总分	
考评项目	序号	考评内容	分值	考评标准	学生自评	教师评价
线路板焊接与装配	1	焊接装配时电路布线符合工艺、安全和技术要求,整齐、美观、可靠。电路板上所焊接元器件的焊点大小适中、光滑、圆润、干净,无毛刺。无漏、假、虚、连焊,所焊接元器件与封装对应	25	布线不符合工艺要求,可靠性差,每处扣2分。元器件与封装不对应,焊点不符合要求,每处扣2分。完成整机安装后,安装工艺不符合要求扣2分		
	2	使用电子测量仪器、仪表对有关参数进行测试并记录;电子电路功能及技术指标符合要求,电路参数正确	25	仪器、仪表使用不当,每次扣2分。电路功能和技术指标不符合要求,每处扣2分		

续表

考评项目	序号	考评内容	分值	考评标准	学生自评	教师评价
道德情操	3	讲文明、懂礼貌、乐于助人	10	不文明实训,同学之间不能相互配合,有矛盾和冲突,没发生一次扣5分		
专业素养	4	严格按照用电安全规范操作,遵守安全操作规程,做好防静电防护	15	出现违规操作,每次扣5分		
	5	符合职业岗位的要求和企业生产"6S"标准。仪器仪表及工具摆放整齐。实训室干净整洁,实训工位洁净	15	仪器仪表和工具乱摆乱放,工位不整洁扣5分。工作环节脏乱,有杂物、实训结束后不清理实训工位,每处扣2分		
	6	实训结束后认真仔细填写各类记录,总结实训经验,有精益求精的工作理念	10	元器件、材料使用记录、实训记录未填写,每次扣2分。实训敷衍,每次扣2分		
日期				教师签字:		

闯关练习

表1.1.6　闯关练习题

名称		闯关练习题			检索编号	XM1-01-04
专业班级			学生姓名		总分	
练习项目	序号	考评内容			学生答案	教师批阅
单选题40分	1	中央处理器是单片机的核心,是____位数据宽度的处理器,能够处理____位二进制数据和代码。A.8,8　B.8,16　C.16,8　D.16,16				
	2	(　　)不是51单片机晶体振荡器的常用频率。A.5 MHz　B.6MHz　C.11.059 2 MHz　D.12 MHz				
	3	机器周期是指CPU完成一个基本操作所需要的时间,一个机器周期包括(　　)个时钟周期。A.2　B.4　C.6　D.12				
	4	51单片机的I/O口驱动能力不尽相同,其中____端口的驱动能力最强,并且端口一般采用____电流驱动。A.P0,拉　B.P0,灌　C.P1,灌　D.P3,拉				

续表

练习项目	序号	考评内容	学生答案	教师批阅
填空题 60 分	5	51 单片机内部包含＿＿＿、程序存储器、数据存储器、定时器/计时器、＿＿＿、串行接口和中断系统,以及数据总线、地址总线和控制总线等。		
	6	51 单片机内部共有＿＿＿RAM 单元,可以进行读写操作,掉电后数据会丢失。有＿＿＿掩膜 ROM,只能进行读操作,不能写入,掉电后数据不会丢失。		
	7	51 单片机内部共有 4 个 8 位并行 I/O 口,分别为＿＿＿＿、＿＿＿＿、＿＿＿＿、＿＿＿＿,可以实现数据的并行输入和输出。		
	8	51 单片机内部有＿＿＿个＿＿＿位可编程定时器/计数器,实现定时和计数功能。		
	9	单片机最小系统是指单片机能够工作的最小电路。它包括＿＿＿和＿＿＿。		
	10	单片机复位的条件是在 RST(第 9 引脚)加上持续两个机器周期(即 24 个脉冲振荡周期)以上的＿＿＿电平。		
日期		教师签字:		

任务 1.2　创建 Keil C51 工程模板

一、任务情境

用 Keil C51 软件创建一个工程模板。要求工程命名和存盘规范,编程环境设置正确,能够进行 C 语言程序编写。

二、任务分析

单片机技术是一门软硬件结合的技术。在学习单片机技术时,不仅要掌握像单片机最小系统板的开发这样的硬件知识,还要掌握程序编写知识。单片机系统是通过软件控制来实现硬件的动作。

微课视频

51 单片机能识别和执行的语言是机器语言,它由二进制代码构成。初学者对这样的二进制代码很难编写和识读。这时就需要一个软件开发平台,将可读性高、程序编写方便和移植性好的高级语言(如 C 语言)编译成单片机能够识别的机器语言,供单片机使用。

在诸多软件开发平台中,Keil C51 是一款优秀的软件开发平台。它是美国 Keil Software 公司出品的 51 系列兼容单片机 C 语言软件开发系统。最开始只是一个支持 C 语言和汇编语言的编译器软件。后来随着不断升级,Keil C51 在调试程序、软件仿真方面有了很强大的功能,成为学习 51 单片机重要的开发工具。

　　使用 Keil C51 软件进行 C 语言程序编程时,首先要创建工程模板,所有的 C 语言程序都是在这个模板里进行编写的。

三、任务实施

1. Keil C51 软件的安装

　　Keil C51 是一个商业软件,同时提供了学习者使用的 Eval 版本,该版本与正式版本一样,但有一定的限制,最终生成的代码不能超过 2 kB(可以通过注册机进行注册,从而解除限制)。下面以 Keil C51 Version 9.00 版本为例,介绍如何安装 Keil C51 集成开发环境。

　　①双击 C51 V9.00 安装文件,出现如图 1.2.1 所示的安装画面。

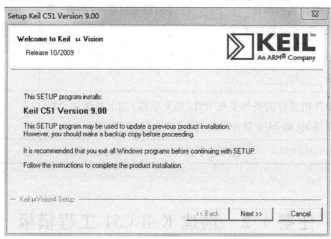

图 1.2.1　安装提示画面

　　②单击"Next",出现如图 1.2.2 所示的安装提示画面。

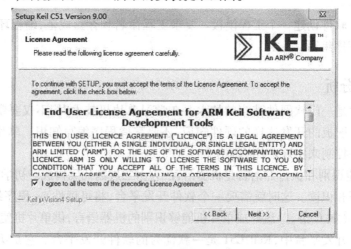

图 1.2.2　安装提示画面

③勾选"I agree to all the terms of the preceding License Agreement"。单击"Next",出现如图 1.2.3 所示的安装路径询问对话框。

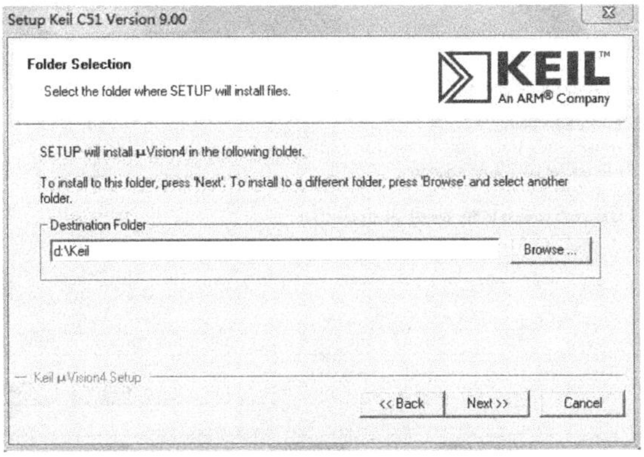

图 1.2.3　安装路径询问对话框

④选择指定安装路径,单击"Next",出现如图 1.2.4 所示的用户信息对话框。注意,Keil 的安装路径中不能出现中文字符,否则仿真时会出现错误。

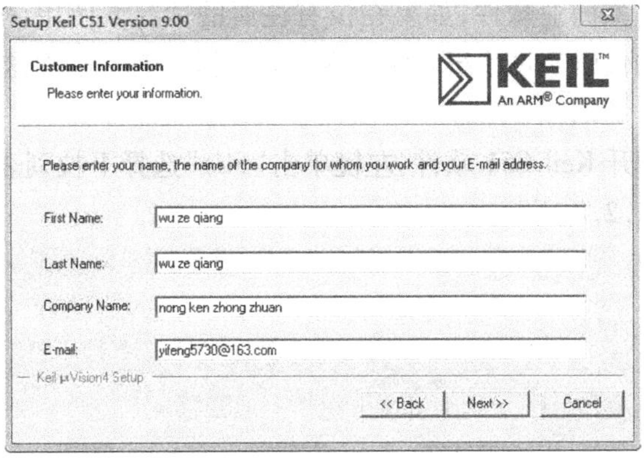

图 1.2.4　用户信息对话框

⑤填入信息后,单击"Next",出现如图 1.2.5、图 1.2.6 所示的安装画面,单击"Finish"完成安装。

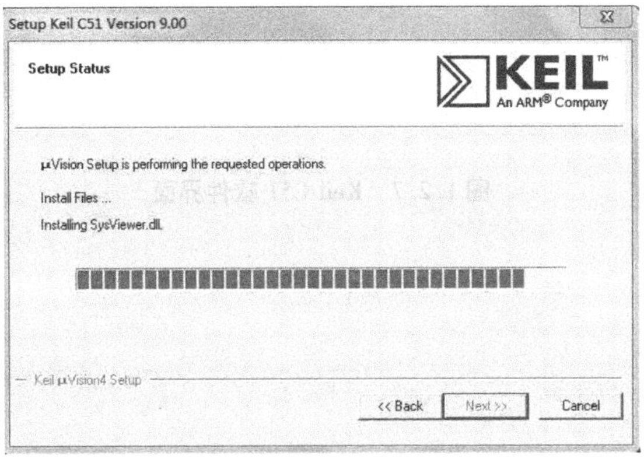

图 1.2.5　安装画面一

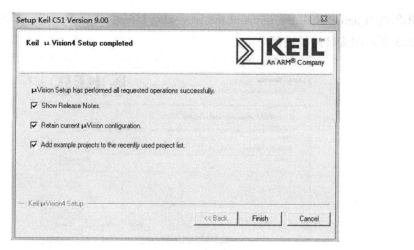

图 1.2.6　安装画面二

2.Keil C51 软件的注册

Keil C51 软件是一款商业软件,如果在没有注册的情况下使用,生成的代码的大小是受到限制的。如果生成的代码超过 2 kB,编译器就会报错。为了解除这种限制,就需要对 Keil C51 软件进行注册。

①双击 Uv4.exe 打开 Keil C51 软件,左键单击"File"选择下拉列表中的"License Management",如图 1.2.7、图 1.2.8 所示。

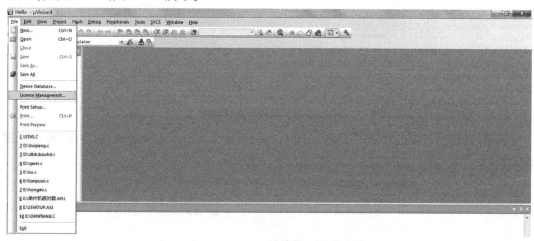

图 1.2.7　Keil C51 软件界面

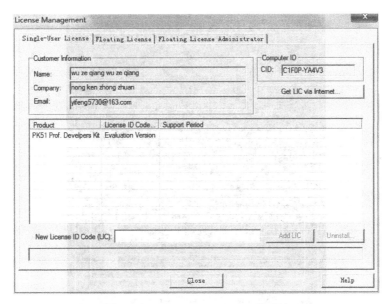

图 1.2.8　License Management 选项卡

②复制右上角"CID"中的代码。

③双击打开 KEIL_Lic.exe 注册机程序,出现如图 1.2.9 所示画面。

图 1.2.9　注册机画面

④将 Keil C51 软件中复制的"CID"代码粘贴到注册机的"CID"中,单击"Generate"选项,出现如图 1.2.10 所示画面。

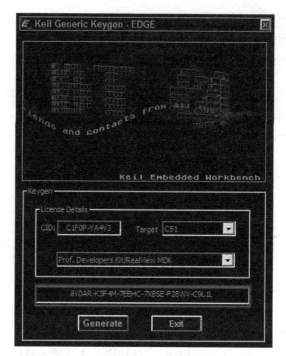

图 1.2.10   注册画面

⑤复制线框中的代码至 Keil C51 软件 License Management 选项卡中的"New License ID Code"中,单击"Add LIC"选项,出现如图 1.2.11 所示"LIC Added Sucessfully"字样,表示注册成功。

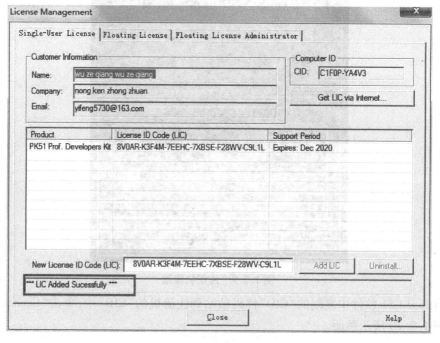

图 1.2.11   注册成功画面

3. Keil C51 集成开发环境

(1) Keil C51 软件的启动

Keil C51 软件安装好后,双击 Uv4. exe 即可启动该软件。启动屏幕如图 1.2.12 所示。

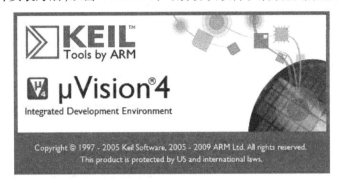

图 1.2.12　Keil C51 启动屏幕

几秒后,出现编辑界面,如图 1.2.13 所示。

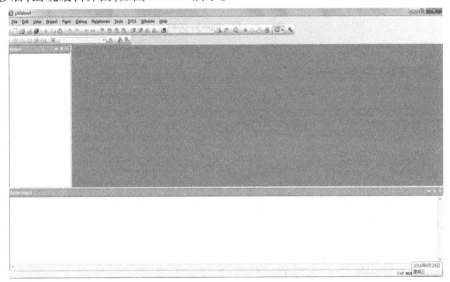

图 1.2.13　Keil C51 编辑界面

(2) 创建工程模板

①单击"Project"菜单,选择下拉式菜单中的"New Project",弹出文件对话窗口,选择要保存的路径,在"文件名"中输入第一个汇编程序项目名称,这里使用"ex1",如图 1.2.14 所示。

保存后的文件扩展名为 uvproj,这是 Keil C51 项目文件扩展名,以后可以直接单击此文件以打开之前做的项目。

图 1.2.14 文件对话框

②单击"保存"后，会弹出一个对话框。要求选择单片机的型号，如图 1.2.15 所示。

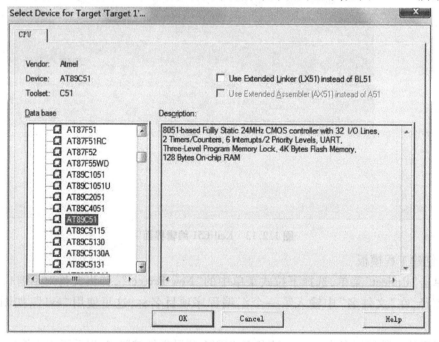

图 1.2.15 选择单片机窗口

用户可以根据所使用的单片机来选择，Keil C51 几乎支持所有的 51 核的单片机，这里以 AT98C51 为例来说明。选择 AT98C51 后，右边栏是对该单片机的基本说明。单击确定，出现如图 1.2.16 所示的对话框，询问是否复制标准 51 单片机启动代码到项目文件夹和添加到项目中，单击"是"。

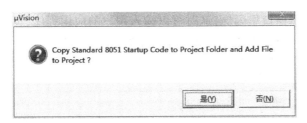

图 1.2.16 对话框

③完成以上步骤后,出现如图 1.2.17 所示的窗口。

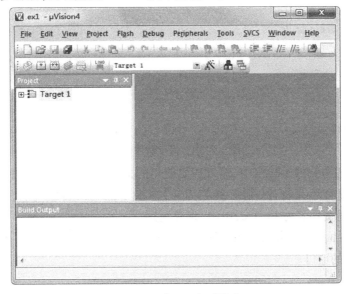

图 1.2.17 建立工程后的窗口

④开始编写程序。在图 1.2.17 中,单击"File"菜单,再在下拉菜单中单击"New"选项,新建文件后的窗口如图 1.2.18 所示。

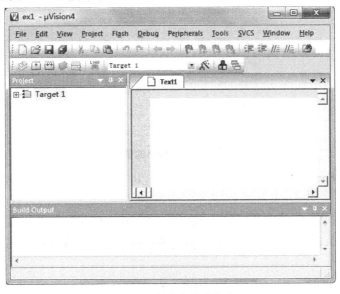

图 1.2.18 新建文件后的窗口

　　⑤此时光标在编辑窗口里闪烁,这时可以输入用户的应用程序,但建议首先保存该空白的文件。单击菜单上的"File",在下拉菜单中选中"Save As"选项,单击,如图1.2.19所示。

图1.2.19　保存文件窗口

　　在"文件名"栏右侧的编辑框中,输入想要使用的文件名,同时,必须输入正确的扩展名。注意,如果用C语言编写程序,则扩展名为.c;如果用汇编语言编写程序,则扩展名必须为.asm。这里选用文件名为LED.c,单击"保存"按钮。

　　⑥回到编辑界面后,单击"Target 1"前面的"+"号,在"Source Group 1"上单击右键,弹出如图1.2.20所示的窗口。

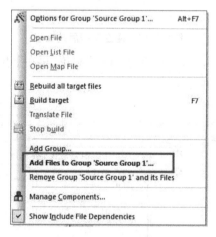

图1.2.20　弹出的窗口

　　⑦单击"Add File to Group 'Source Group 1'",出现如图1.2.21所示的增加源文件对话框。

　　选中"LED.c",然后单击"Add"。此时,在"Source Group 1"文件夹中多了一个子项"LED.c",如图1.2.22所示。子项的数目与所增加的源程序的数目相同。

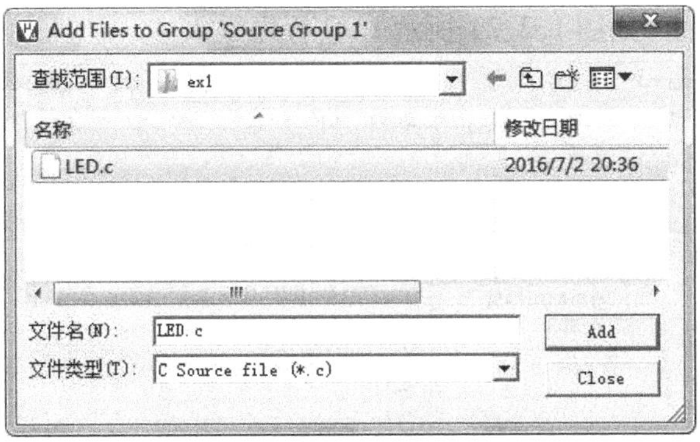

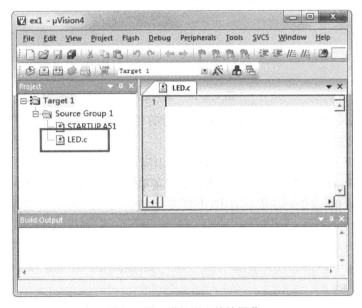

图 1.2.21 增加源文件对话框

图 1.2.22 增加源文件的屏幕

注意,将文件"LED.c"加入"Source Group 1"文件夹后,增加源文件时对话框并不消失,等待继续加入其他文件,初学时会误认为操作没有成功而再次单击"Add"按钮,这时会出现如图 1.2.23 所示的提示窗口,提示用户所选文件已在列表中,此时应单击"确定"按钮回前一对话框。单击"Close"即可返回主界面。返回后,单击"Source Group 1"前的加号,会发现"LED.c"文件已在其中。

图 1.2.23 提示窗口

⑧在编辑窗口中输入如图 1.2.24 所示 LED 程序。

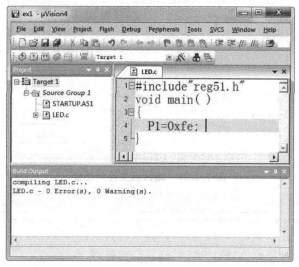

图 1.2.24 输入程序

程序说明:这是一个点亮 P0 口第一个 LED 灯的程序。

(3)工程的设置

工程建立好以后,还要对工程作进一步设置,以满足要求。

①单击左边 Project 窗口的 Target 1,然后使用菜单"Options for Target'Target 1'",即出现对工程设置的对话框,这个对话框共有 10 个页面,如图 1.2.25 所示,大部分设置项取默认值就行。

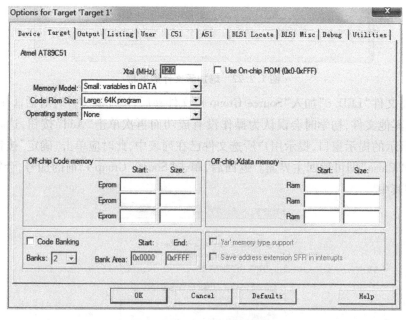

图 1.2.25 工程设置对话框

②Target 页如图 1.2.25 所示,Xtal 后面的数值是晶振频率值,默认值是所选目标 CPU 的最高可用频率值,该值与最终产生的目标代码无关,仅用于软件模拟调试时显示程序执行时

间。正确设置该数值可使显示时间与实际所用时间一致,一般将其设置成硬件所用晶体振荡器的频率。如果没必要了解程序执行的时间,也可以不作设置。

a. Memory Model 用于设置 RAM 使用情况,有3个选择项:

Small:所有变量都在单片机的内部 RAM 中。

Compact:可以使用一页(256 kB)外部扩展 RAM。

Large:可以使用全部外部的扩展 RAM。

b. Code Rom Size 用于设置 ROM 空间的使用,同样有3个选择项:

Small:只用低于2 kB 的程序空间。

Compact:单个函数的代码量不能超过2 kB,整个程序可以使用64 kB 程序空间。

Large:可用全部64 kB 空间。

这些选择项必须根据所用硬件来决定,本例按默认值设置。

c. Operating 项是操作系统选择,Keil 提供两种操作系统,即 Rtx tiny 和 Rtx full。关于操作系统本书不作介绍,通常不使用任何操作系统,使用该项的默认值 None。

d. Off Chip Code memory 用以确定系统扩展 ROM 的地址范围,Off Chip X data memory 组用于确定系统扩展 RAM 的地址范围,这些选择项必须根据所用硬件来决定,一般均不需要重新选择,按默认值设置。

③Output 页如图1.2.26 所示。

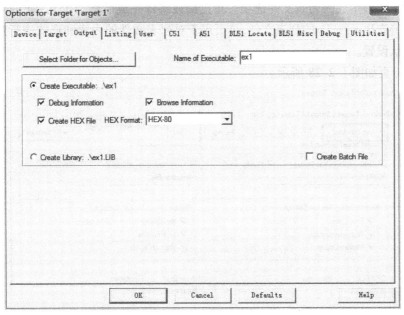

图1.2.26 Output 页

这里也有多个选择项,其中 Create Hex File 用于生成可执行代码文件,其格式为 Intel HEX 格式,文件的扩展名为.HEX,默认情况下该项未被选中,如果要做仿真实验就必须选中该项。选中该项后,在编译和链接时将产生 *.HEX 代码文件,该文件可用编程器去读取并烧到单片机中,再用硬件实验板仿真结果。

④Listing 页如图 1.2.27 所示。

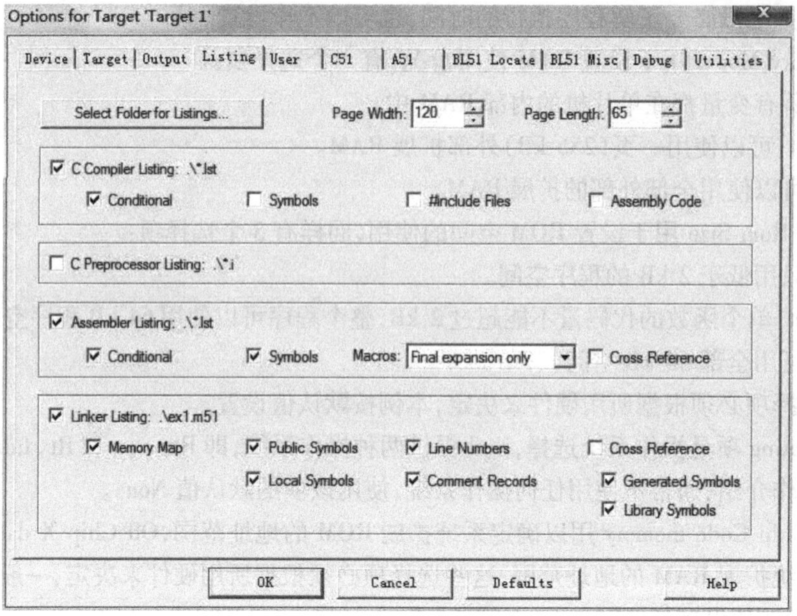

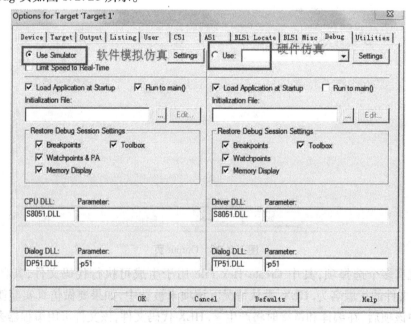

图 1.2.27　Listing 页

该页用于调整生成的列表文件选项。在汇编或编译完成后将产生 ∗.lst 的列表文件,在连接完成后将产生 ∗.m51 的列表文件,该页用于对列表文件的内容和形式进行细致的调节,一般采用默认设置。

⑤Debug 页如图 1.2.28 所示。

图 1.2.28　Debug 页

该页用于设置调试器,Keil 提供了两种工作模式,即 Use Simulator(软件模拟仿真)和 Use (硬件仿真),Use Simulator 是将 Keil 设置成软件模拟仿真模式,在此模式下不需要实际的目标硬件就可以模拟 51 单片机的很多功能,在准备硬件之前可以测试用户的应用程序,这是很有用的。Use 选项是高级 GDI 驱动,运用此功能,高级用户可以把 Keil C51 嵌入自己的系统中,从而实现在目标硬件下调试程序。如果没有相应的硬件调试器,应选择 Use Simulator。

⑥工程设置对话框中的其他各页面与 C51 编译选项、A5l 的汇编选项、BL51 连接器的连接选项等用法有关,这里均取默认值不作任何修改。设置完成后,单击确定按钮进行确认。

(4)程序的编译和链接

汇编程序文件加到项目中后,就可以编译运行了。如图 1.2.29 所示,1、2、3 都是和编译有关的按钮。不同的是,1 是用于编译的按钮,不对文件进行链接;2 是编译链接的按钮,用于对当前工程进行链接,如果当前文件已修改,软件会对该文件进行编译,再链接以产生目标代码;3 是重新编译的按钮,单击一次会再次编译链接一次,不管程序是否有改动,确保最终产生的目标代码是最新的。

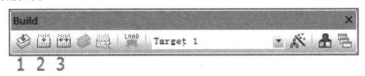

图 1.2.29　编译/汇编工具栏

这个项目只有一个文件,按 1、2、3 中的任一个按键都可以编译。为了产生目标代码,选择按 2 或 3。在下面的"Build"窗口中,可以看到编译后的有关信息,如图 1.2.30 所示,提示获得了名为"ex1. hex"的目标代码文件。

```
Build Output                                                          ×
Build target 'Target 1'
assembling STARTUP.A51...
compiling LED.c...
linking...
Program Size: data=9.0 xdata=0 code=19
creating hex file from "ex1"...
"ex1" - 0 Error(s), 0 Warning(s).
```

图 1.2.30　编译后信息栏

如果源程序有语法错误,会有错误报告出现,用户应根据提示信息,更正程序中出现的错误,重新编译,直至正确为止。

4.考核评价

表 1.2.1　任务考评表

名称		创建 Keil C51 工程模板任务考评表			检索编号		XM1-02-01
专业班级			学生姓名			总分	
考评项目	序号	考评内容	分值	考评标准		学生自评	教师评价
Keil C51 安装	1	安装 Keil C51 软件到指定磁盘	20	软件不能正确安装,无法正常运行			
Keil C51 集成开发环境	2	创建工程模板	20	工程模板创建错误,不按要求创建工程模板,每处扣2分			
	3	工程的设置	20	未按要求设置工程,工程设置不合理,每处扣2分			
道德情操	4	热爱祖国、遵守法纪、遵守校纪校规	10	非法上网,非法传播不良信息和虚假信息,每次扣5分。出现违规行为,成绩不合格			
	5	讲文明、懂礼貌、乐于助人	10	不文明实训,同学之间不能相互配合,有矛盾和冲突,每次扣5分			
专业素养	6	实训室设备摆放合理、整齐	5	不按规定摆放实训物品和学习用具,每处扣1分。随意挪动设备,更改计算机设置,发现一次扣1分			
	7	保持实训室干净整洁,实训工位洁净	5	乱摆放工具、乱丢弃杂物、实训结束后不清理实训工位,每处扣1分			
	8	遵守安全操作规程,遵守纪律,爱惜实训设备	5	不正确使用计算机,出现违反操作规程的(如非法关机),每次扣2.5分。故意损坏设备,照价赔偿			
	9	操作认真,严谨仔细,有精益求精的工作理念	5	操作粗心,实训敷衍,每次扣2.5分			
日期				教师签字:			

闯关练习

表1.2.2 练习题

名称		闯关练习题		检索编号	XM1-02-02
专业班级		学生姓名		总分	
练习项目	序号	考评内容		学生答案	教师批阅
单选题 30分	1	Keil 开发 C51 程序的主要步骤是建立工程、( )、形成 HEX 文件、运行调试。 A. 输入程序 B. 保存为 asm 文件 C. 指定工作目录 D. 下载程序			
	2	51 单片机能够运行的文件格式为( )。 A. ∗.asm B. ∗.c C. ∗.hex D. ∗.txt			
	3	Keil C51 创建的程序文件格式为( )。 A. ∗.doc B. ∗.c C. ∗.hex D. ∗.txt			
判断题 70分	4	Keil 设置成软件模拟仿真模式时不需要实际的目标硬件就可以模拟 51 单片机的很多功能。			
	5	Keil 软件中的晶振频率值与最终产生的目标代码无关,仅用于软件模拟调试时显示程序执行时间。			
	6	将文件 C 加入"Source Group 1"文件夹后,增加源文件对话框并不消失,需要单击"Close"即可返回主界面。			
	7	Keil C51 软件在没有注册的情况下使用,生成的代码的大小是受到限制的,如果生成的代码超过 2 kB,编译器就会报错。			
	8	使用 Keil C51 软件进行 C 语言程序编程时,首先要创建工程模板,所有的 C 程序是在这个模板里进行编写的。			
	9	Keil C51 软件最开始只是一个支持 C 语言和汇编语言的编译器软件。后来随着不断的升级,在调试程序、软件仿真方面有了很强大的功能,成为学习 51 单片机重要的开发工具。			
	10	Keil C51 软件是德国 Keil Software 公司出品的 51 系列兼容单片机 C 语言软件开发系统。			
日期		教师签字:			

任务 1.3　搭建 Proteus 仿真电路图

一、任务情境

用 Proteus 软件绘制如图 1.3.1 所示的电路图。要求元器件选型正确、布局合理,参数设置正确,电路图连接正确、美观。

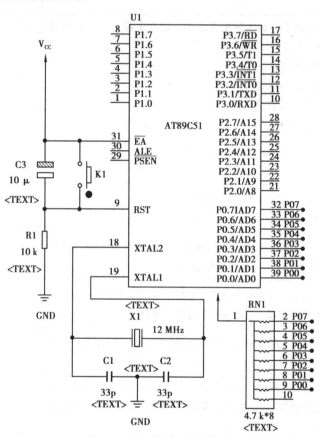

图 1.3.1　单片机最小系统电路图

二、任务分析

微课视频

单片机技术是一门实践性课程,学生需要通过大量的仿真实验才能够理解和掌握。单片机的仿真实验主要有硬件仿真和软件仿真。硬件仿真需要专门的仿真开发板,具有效果直观、调试方便的特点,但是容易受场地限制,并且携带不方便,需要一定的资金。为克服硬件仿真的诸多不便,很多厂家都开发了不同种类的仿真软件。使用较多的仿真软件是 Proteus 仿真软件。

Proteus ISIS 是英国 Lab Center Electronics 公司开发的 EDA 工具软件,它具有电路分析和实物仿真的功能,实现了单片机仿真和 SPICE 电路仿真相结合,具有模拟电路仿真、数字电路仿真、单片机及其外围电路组成的系统的仿真、RS232 动态仿真、I2C 调试器、SPI 调试器、键盘和 LCD 系统仿真的功能。同时有各种虚拟仪器,如示波器、逻辑分析仪、信号发生器等。在单片机系统仿真时,支持的单片机类型有 68000 系列、51 单片机系列、AVR 系列、PIC12 系列、PIC16 系列、PIC18 系列、Z80 系列、HC11 系列以及各种外围芯片。在系统调试时与硬件仿真一样具有全速、单步、设置断点等调试功能,可以观察各个变量、寄存器等的当前状态。支持第三方的软件编译和调试环境,能够与 Keil C51 良好地配合。拥有强大的原理图绘制功能。总之,Proteus 软件是一款集单片机和 SPICE 分析于一身的仿真软件,功能极其强大。

单片机最小系统的仿真是后续项目的基础,在使用 Protues 软件进行单片机项目时,首先要绘制单片机最小系统。需要说明的是,与硬件仿真不同,在软件仿真中,单片机的最小系统绘制不是必需的。在不绘制时钟电路和复位电路时,单片机也能正常工作。在一些资料中可知,一些用 Protues 软件绘制的单片机项目没有时钟电路和复位电路。同时,Protues 软件中,包括单片机在内的所有芯片的电源引脚都是没有的。芯片的电源引脚被软件作了内置处理,默认状态下所有芯片都是供电状态,无须单独进行供电。下面以 Proteus 7.8 版本为例进行绘制说明。

三、知识链接

1. Proteus 软件启动

双击桌面上的 ISIS 图标或者单击屏幕左下方的"开始"→"程序"→"Proteus 7.8 Professional"→"ISIS 7.8 Professional",出现如图 1.3.2 所示屏幕,表明已进入 Proteus ISIS 集成环境。

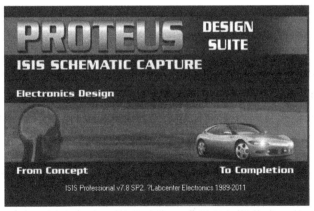

图 1.3.2 启动时的屏幕

2. 工作界面

Proteus ISIS 的工作界面是一种标准的 Windows 界面,如图 1.3.3 所示。它包括标题栏、主菜单、标准工具栏、绘图工具栏、状态栏、对象选择按钮、预览对象方位控制按钮、仿真进程控制按钮、预览窗口、对象选择器窗口和图形编辑窗口。

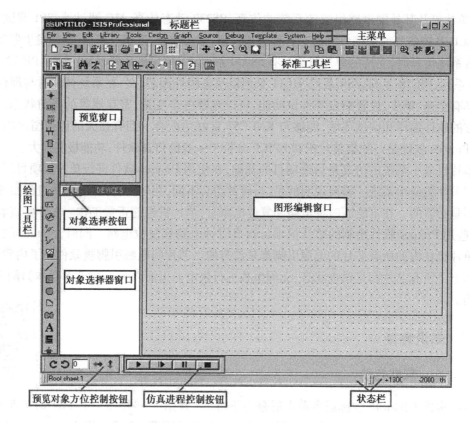

图 1.3.3   Proteus ISIS 的工作界面

（1）图形编辑窗口

在图形编辑窗口内完成电路原理图的编辑和绘制。

> **经验小贴士**
>
> 　　图形编辑窗口没有滚动条，改变原理图的可视范围是通过预览窗口来实现的。在编辑窗口，鼠标的功能如下：图形编辑区放置元件是单击鼠标左键，缩放原理图是滚动鼠标滚轮，选择元件是单击鼠标右键，删除元件是双击鼠标右键，编辑元件属性是先单击鼠标右键后单击左键，拖动元件是先单击右键后长按左键拖曳，连线用左键，删除用右键。

（2）预览窗口（The Overview Window）

该窗口通常显示整个电路图的缩略图。在预览窗口上单击鼠标左键，将会有一个矩形蓝绿框标示出现在编辑窗口的中显示的区域。其他情况下，预览窗口显示将要放置的对象的预览。

（3）对象选择器窗口

通过对象选择按钮，从元件库中选择对象，并置入对象选择器窗口，供今后绘图时使用。显示对象的类型包括设备、终端、管脚、图形符号、标注和图形。

（4）绘图工具栏

①主要模式按钮。如图 1.3.4 所示的主要模式按钮图标中从左至右各图标的含义分别

为选择元件(Components)(默认选择)、放置连接点(交叉点)(Junction Dot)、放置标签(Wire Label)、放置文本(Text Script)、绘制总线(Bus)、放置子电路(Sub-Circuit)、即时编辑元件(Instant Edit Mode)(其用法为先单击该图标再单击要修改的元件)。

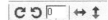

图 1.3.4　主要模式按钮图标

②小工具箱按钮。如图 1.3.5 所示的小工具箱按钮图标中从左至右各图标的含义分别为终端(Terminals),有 V_{CC}、地、输出、输入等终端;器件引脚(Device Pin),用于绘制引脚;仿真图表(Simulation Graph),用于各种分析,如噪声分析(Noise Analysis);录音机(Tape Recorder);信号发生器(Generator);电压探针(Voltage Probe);电流探针(Current Probe);虚拟仪表(Virtual Instruments);有示波器等。

图 1.3.5　小工具箱按钮图标

③2D 绘图按钮。如图 1.3.6 所示的 2D 绘图按钮图标中从左至右各图标的含义分别为画各种直线(Line)、画各种方框(Box)、画各种圆(Circle)、画各种圆弧(Arc)、画各种多边形(2D Path)、画各种文本(Text)、画符号(Symbol)、画原点(Marker)。

图 1.3.6　2D 绘图按钮图标

(5)方向工具栏

方向工具栏主要用于旋转元件,使用方法是先用鼠标右键单击欲修改的选择元件,再用鼠标左键单击相应的旋转图标。如图 1.3.7 所示图标从左至右各图标的含义分别为顺序角度旋转、逆序旋转(旋转角度只能是 90°的整数倍)、水平翻转和垂直翻转。

图 1.3.7　方向工具栏图标

(6)仿真工具栏

如图 1.3.8 所示的仿真控制按钮图标中从左至右各图标的含义分别为运行(Execute)、单步运行(Step Over)、暂停(Pause)、停止(Stop)。

图 1.3.8　仿真控制按钮图标

3.菜单命令简述

(1)File(文件)

➢ New(新建)　　　　　　　　新建一个电路文件

➢ Open(打开)…　　　　　　　打开一个已有电路文件

➢ Save(保存)　　　　　　　　将电路图和全部参数保存在打开的电路文件中

➢ Save As（另存为）…　　　　　　将电路图和全部参数另存在一个电路文件中

➢ Print（打印）…　　　　　　🖨打印当前窗口显示的电路图

➢ Page Setup（页面设置）…　　设置打印页面

➢ Exit（退出）　　　　　　　退出 Proteus ISIS

（2）Edit（编辑）

➢ Rotate（旋转）　　　　　　旋转一个欲添加或选中的元件

➢ Mirror（镜像）　　　　　　对一个欲添加或选中的元件镜像

➢ Cut（剪切）　　　　　　　将选中的元件、连线或块剪切入裁剪板

➢ Copy（复制）　　　　　　将选中的元件、连线或块复制入裁剪板

➢ Paste（粘贴）　　　　　　将裁剪板中的内容粘贴到电路图中

➢ Delete（删除）　　　　　　删除元件、连线或块

➢ Undelete（恢复）　　　　　恢复上一次删除的内容

➢ Select All（全选）　　　　选中电路图中全部的连线和元件

（3）View（查看）

➢ Redraw（重画）　　　　　重画电路

➢ Zoom In（放大）　　　　　放大电路到原来的两倍

➢ Zoom Out（缩小）　　　　缩小电路到原来的1/2

➢ Full Screen（全屏）　　　全屏显示电路

➢ Default View（缺省）　　　恢复最初状态大小的电路显示

（4）Place（放置）

➢ Wire（连线）　　　　　　添加连线

➢ Element（元件）　　　　▶添加元件

➢ Done（结束）　　　　　　结束添加连线、元件

（5）Parameters（参数）

➢ Unit（单位）　　　　　　打开单位定义窗口

➢ Variable（变量）　　　　打开变量定义窗口

➢ Substrate（基片）　　　打开基片参数定义窗口

➢ Frequency（频率）　　　打开频率分析范围定义窗口

➢ Output（输出）　　　　　打开输出变量定义窗口

➢ Opt/Yield Goal（优化/成品率目标）　　打开优化/成品率目标定义窗口

➢ Misc（杂项）　　![MISC]打开其他参数定义窗口

(6) Simulate（仿真）

➢ Analysis（分析）　　执行电路分析

➢ Optimization（优化）　　执行电路优化

➢ Yield Analysis（成品率分析）　　执行成品率分析

➢ Yield Optimization（成品率优化）　　执行成品率优化

➢ Update Variables（更新参数）　　更新优化变量值

➢ Stop（终止仿真）　　强行终止仿真

(7) Result（结果）

➢ Table（表格）　　打开一个表格输出窗口

➢ Grid（直角坐标）　　打开一个直角坐标输出窗口

➢ Smith（圆图）　　打开一个 Smith 圆图输出窗口

➢ Histogram（直方图）　　打开一个直方图输出窗口

➢ Close AllCharts（关闭所有结果显示）　　关闭全部输出窗口

➢ Load Result（调出已存结果）　　调出并显示输出文件

➢ Save Result（保存仿真结果）　　将仿真结果保存到输出文件

(8) Tools（工具）

➢ Input File Viewer（查看输入文件）　　启动文本显示程序显示仿真输入文件

➢ Output File Viewer（查看输出文件）　　启动文本显示程序显示仿真输出文件

➢ Options（选项）　　更改设置

(9) Help（帮助）

➢ Content（内容）　　查看帮助内容

➢ Elements（元件）　　查看元件帮助

➢ About（关于）　　查看软件版本信息

四、任务实施

1. 实施过程

微课视频

表 1.3.1　Proteus 仿真电路图搭建工序单

任务名称	Proteus 仿真电路图搭建		检索编号	XM1-03-01
专业班级		任务执行人	接单时间	
执行环境	☑ 计算机:CPU 频率≥1.0 GHz,内存≥1 GB,硬盘容量≥40 GB,操作平台 Windows ☑ Keil uVision4 软件　　☑ Proteus 软件			

续表

序号	任务内容	技术指南
1	运行 Proteus 软件，设置原理图大小为 A4	运行 Proteus 软件，菜单栏中找到 system 并打开，选择"Set sheet sizes"，选择图纸 A4。设置完成后，将图纸按要求命名和存盘 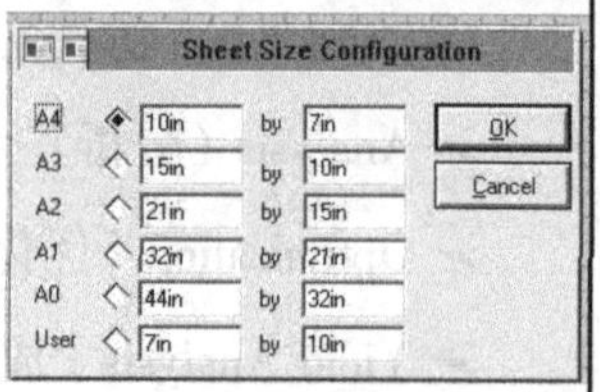
2	在元件列表中添加表3.1.4"元件清单"中所列元器件	元件添加时单击元件选择按钮"P（pick）"，在左上角的对话框"Keywords"中输入需要的元件名称。各元件的 Category（类别）分别为单片机 AT89C52（Microprocessor AT89C52）、晶振（CRYSTAL）、电容（CAPACITOR）、电阻（Resistors）、发光二极管（LED-BLBY） 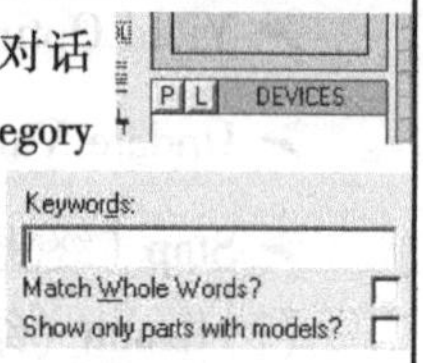
3	将元件列表中元器件放置在图纸中	在元件列表区单击选中的元件，鼠标移到右侧编辑窗口中，鼠标变为铅笔形状，单击左键，框中出现元件原理图的轮廓图，可以移动。鼠标移到合适的位置后，按下鼠标左键，元件就放置在原理图中
4	添加电源及地极	单击模型选择工具栏中的 图标，选择"POWER（电源）"和"GROUND（地极）"添加至绘图区 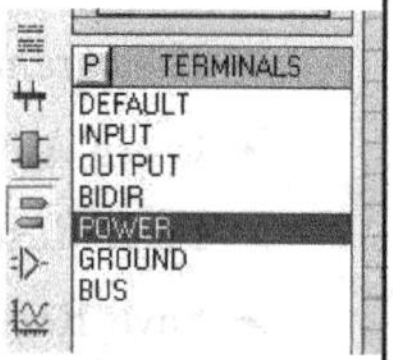
5	按照表3.1.4"硬件电路"将各个元器件连线	鼠标指针靠近元件的一端，当鼠标的铅笔形状变为绿色时，表示可以连线了，单击该点，再将鼠标移至另一元件的一端单击，两点间的线路就画好了
6	绘制总线	在绘图区域单击鼠标右键，选择"Place"，在下拉列表中选择"Bus"按键  Bus，或单击软件中 图标，可完成总线绘制
7	放置网络端号	用总线连接的各个元件需要添加网络端号才能实现电气上的连接。具体为选择需要添加网络端号的引脚，单击鼠标右键，选择"Place Wire Label" Place Wire Label，在"String"对话框中输入网络端号名称，网络端号的命名要简单明了，如与 P1.0 口连接的 LED 可以命名为"P10"  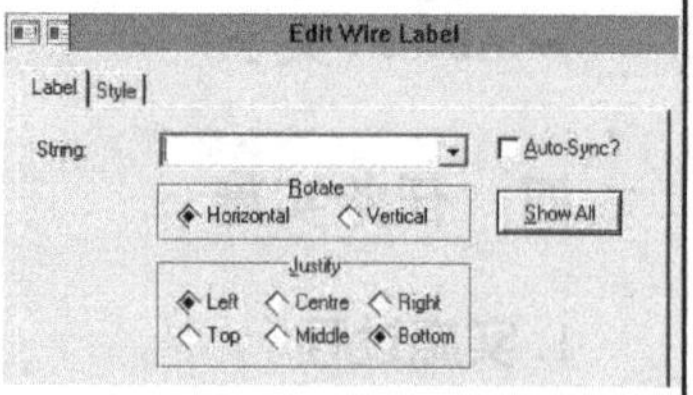
8	按照表3.1.4"元件清单"中所列元器件参数编辑元件，设置各元件参数	双击元件，会弹出编辑元件的对话框，输入元器件参数。"component reference"输入编号，"Hidden"勾选就会隐藏前面选项 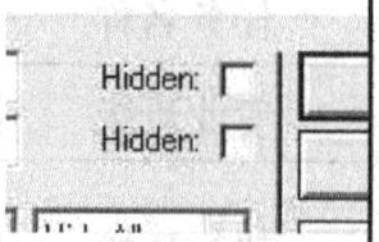

2.考核评价

表 1.3.2　任务考评表

名称		Proteus 仿真电路图搭建任务考评表			检索编号		XM1-03-02
专业班级			学生姓名		总分		
考评项目	序号	考评内容	分值	考评标准		学生自评	教师评价
仿真电路图绘制	1	运行 Proteus 软件,按要求进行设置	15	软件不能正常打开扣 2 分,设置不正确每项扣 1 分			
	2	添加元器件	15	无法添加元件,或者元件添加错误,每处扣 1 分			
	3	修改元器件参数	20	元器件连接错误,电源连接错误,网络端号编写错误,每处扣 1 分;连线凌乱,电路图不美观酌情扣 1~3 分			
	4	元器件连线	20	元器件连接错误,电源连接错误,网络端号编写错误,每处扣 1 分;连线凌乱,电路图不美观酌情扣 1~3 分			
道德情操	5	热爱祖国、遵守法纪、遵守校纪校规	5	非法上网,非法传播不良信息和虚假信息,每次扣 5 分。出现违规行为,成绩不合格			
	6	讲文明、懂礼貌、乐于助人	5	不文明实训,同学之间不能相互配合,有矛盾和冲突,每次扣 5 分			
专业素养	7	实训室设备摆放合理、整齐	5	不按规定摆放实训物品和学习用具,每处扣 1 分。随意挪动设备,更改计算机设置,发现一次扣 1 分			
	8	保持实训室干净整洁,实训工位洁净	5	乱摆放工具、乱丢弃杂物、实训结束后不清理实训工位,每处扣 1 分			
	9	遵守安全操作规程,遵守纪律,爱惜实训设备	5	不正确使用计算机,出现违反操作规程的(如非法关机),每次扣 2.5 分。故意损坏设备,照价赔偿			
	10	操作认真,严谨仔细,有精益求精的工作理念	5	操作粗心,实训敷衍,每次扣 2.5 分			
日期				教师签字:			

闯关练习

表 1.3.3　练习题

名称		闯关练习题		检索编号	XM1-03-03
专业班级		学生姓名		总分	
练习项目	序号	考评内容		学生答案	教师批阅
单选题 30 分	1	在编辑窗口,单击鼠标左键的功能是( )。 A. 放置元件　　　　B. 缩放原理图 C. 选择元件　　　　D. 删除元件			
	2	在编辑窗口,双击鼠标右键的功能是( )。 A. 放置元件　　　　B. 缩放原理图 C. 选择元件　　　　D. 删除元件			
	3	Protues 在仿真时,引脚处会出现不同颜色的小方块,它们的含义依次是:_____表示高电平;_____表示低电平;_____表示高阻态;_____表示电平冲突、短路等。 A. 黄色、红色、蓝色、灰色 B. 红色、黄色、蓝色、灰色 C. 红色、蓝色、灰色、黄色 D. 红色、蓝色、黄色、灰色			
判断题 70 分	4	在学习单片机时,可用 Protues 软件进行仿真,没有必要使用硬件仿真。			
	5	Protues 软件可以仿真全部单片机系统,只要是与单片机有关的电路,都可以用该软件进行仿真。			
	6	Proteus 软件可以像 Multisim 软件一样,用来仿真模拟电路和数字电路。			
	7	Protues 软件进行电路仿真时,单片机的时钟频率可以在软件中进行设置,与 Keil 输出页中的频率无关。			
	8	Protues 软件和 Keil 软件联合使用时,如果程序变动,只需要在 Keil 中重新编译,Protues 软件中不需要重新加载程序,只需要重新仿真即可。			
	9	正在仿真的电路图需要修改时,无须停止仿真,可以直接在电路图中进行修改。			
	10	Proteus ISIS 是英国 Labcenter 公司开发的电路分析与实物仿真软件。它实现了单片机仿真和 SPICE 电路仿真相结合。			
日期		教师签字:			

项目2

一个发光二极管的控制

发光二极管是电子电路中十分常见的元件,广泛地应用于指示灯、显示器和照明中。对发光二极管,只需接入一定极性的电流就可以实现发光。用单片机控制一个发光二极管有点大材小用。但通过对一个发光二极管的控制,可以学习使用单片机进行简单位操作的方法,学习使用 Keil C51 软件编写程序的完整步骤,学习使用 Protues 软件仿真电路的具体操作步骤和学习一个完整的单片机项目的实施流程。本项目由发光二极管点亮控制和闪烁控制两个任务组成。通过项目学习,掌握使用单片机最小系统控制一个发光二极管的方法,包括发光二极管的驱动电路和限流电阻选择;掌握使用 Keil C51 和 Protues 软件完成一个项目的软件编写、调试和仿真的完整过程,培养学生的工程思维能力;掌握 C 语句的基本特点、C 语言的程序结构和循环语句 for。

【知识目标】

1. 掌握 C 语言程序结构。

2. 掌握 for 语句的使用。

3. 掌握发光二极管的工作原理。

4. 掌握发光二极管控制电路和限流电阻选择。

【技能目标】

1. 会使用单片机控制发光二极管,实现点亮和闪烁。

2. 能够完成发光二极管控制程序编写、调试和仿真。

【情感目标】

1. 熟悉"6S"标准在生产实训中的运用。

2. 理解单片机项目开发的整体步骤,培养学生的工程思维。

3. 了解发光二极管在节能减排中的应用,树立生态文明观和节能环保理念。

【学习导航】

微课视频

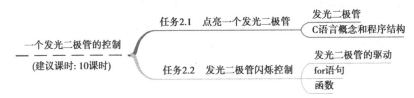

任务 2.1　点亮一个发光二极管

一、任务情境

发光二极管体积小、耗电量低、环保和坚固耐用,在汽车车载光源方面应用广泛。那么,它的结构是什么? 怎样控制它的发光呢? 本任务从发光二极管的点亮控制入手,讲解它作为汽车光源时,如何用单片机点亮一个发光二极管。

二、任务分析

1. 硬件电路分析

发光二极管属于二极管的一类,有阴极和阳极两个引脚。单片机与发光二极管的连接形式也有两种:一种是发光二极管 VD 的阴极与单片机 I/O 口连接,阳极通过限流电阻 R_1 与电源正极相连,如图 2.1.1(a)所示。这种连接方式下,单片机 I/O 口输出低电平,发光二极管就会导通发光。另一种是发光二极管 VD 的阳极与单片机 I/O 口连接,阴极与电源地相连,同时增加了偏置电阻 R2,如图 2.1.1(b)所示。这种连接方式下,当单片机 I/O 口输出高电平时,发光二极管可以发光,但当单片机 I/O 口输出低电平关闭发光二极管时,电阻 R2 上有较大电流,一般不可取。

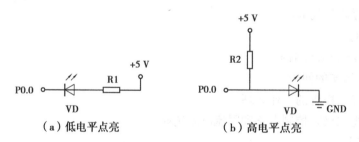

（a）低电平点亮　　　　　　（b）高电平点亮

图 2.1.1　单片机控制发光二极管电路图

2. 软件设计分析

通过硬件电路分析,对发光二极管的程序控制有两种设计思路:当硬件连接是低电平点亮时,需要程序控制单片机的 I/O 端口,让端口输出低电平,也就是向对应的 P0.0 口写“0”;如果硬件电路是高电平点亮时,需要程序控制单片机的 I/O 端口,让端口输出高电平,也就是向对应的 P0.0 口写“1”。

需要说明的是,51 单片机驱动发光二极管时,有灌电流和拉电流的区别。因为单片机的 I/O 口流入的灌电流比流出的拉电流大,所以采用灌电流驱动。通常让单片机的 I/O 输出低电平驱动发光二极管。

微课视频

三、知识链接

1. 发光二极管

发光二极管(Light Emitting Diode,LED)是一种将电能转换成光能的半导体
发光器件,如图2.1.2所示。它广泛地应用于指示灯、显示器和照明中。它的内部结构如图
2.1.3所示,环氧树脂将阴极和阳极两个接柱封装在里面,通过导线相连,在阴极接柱上有反
射碗和半导体芯片。

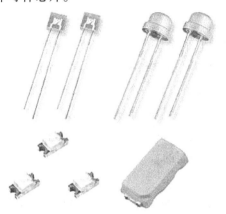

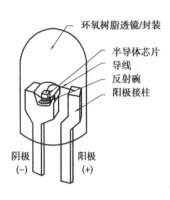

环氧树脂透镜/封装
半导体芯片
导线
反射碗
阳极接柱

阴极   阳极
(−)   (+)

图2.1.2 发光二极管实物图   图2.1.3 发光二极管内部结构图

经验小贴士

发光二极管正负判断方法:①观察引脚长短,引脚长的为正极,短的为负极。②观
察内部结构,负极接柱支架大,正极接柱支架小。③数字万用表打到通断挡,红黑表笔
分别接发光二极管的两个引脚。如果有读数,则红表笔一端为正极,黑表笔一端为负
极;若读数为"1",则黑表笔一端为正极,红表笔一端为负极。

2. 初识C语言

微课视频

(1)C语言的产生和发展

C语言是国际上广泛流行的一种高级语言。1973年贝尔实验室的 D. M.
Ritchie 在 B 语言的基础上设计出了 C 语言。最初的 C 语言只是针对 UNIX 操作
系统,其使用有限。后来随着 UNIX 操作系统的广泛使用,C 语言得到极大推广。同时,随着
计算机的普及,C 语言在运行程序中出现了多个版本。为了统一编程标准,1978 年由 Brian
W. Kernighan 和 Dennis M. Ritchie 合著的《The C Programming Language》发表,对 C 语言的发
展影响深远,被称为标准 C。1983 年,美国国家标准化协会(ANSI)根据 C 语言的各种版本对
C 语言进行了扩充,制订了新的标准 ANSI C,比标准 C 有了很大的发展。目前,流行的 C 语
言编译系统大多是以 ANSI C 为基础进行开发的。

（2）C 语言的特点

C 语言具有语言简洁、紧凑，使用方便、灵活，数据类型丰富，便于维护和程序形式自由等特点。它是具有结构化的控制语句，是完全模块化和结构化的语言。C 语言语法限制不太严格，程序设计自由度大，允许直接访问物理地址，能进行位（bit）操作，可以实现汇编语言的大部分功能，同时可以直接对硬件进行操作。相比汇编语言在单片机编程中的使用，C 语言不要求编程者熟悉单片机指令系统，不去分配寄存器和存储器，提高了编程效率。C 语言程序有很好的移植性，可以在不同型号的单片机上相互移植。

3. C 语言程序构成

一个 C 语言程序一般包括多个源程序文件，它们分为"主程序"文件和"子程序"文件。程序之间通过参数传递来实现模块化编程。简单的 C 语言程序可以只有一个源程序文件。

C 语言程序是由函数构成的。一个 C 语言程序可以由一个主函数 main( ) 单独构成，也可以包含其他子函数，这些函数的功能都是相对完整的。其中，子函数可以是 C 语言的库函数，也可以是用户自定义函数。C 语言程序都是从主函数 main( ) 开始执行，从主函数 main( ) 结束。子函数是通过主函数 main( ) 调用来实现相应功能的。

一个函数由函数的首部和函数体两部分组成。

函数的首部对函数进行定义。它包括函数的类型、函数名、函数的属性、参数类型等，如下列所示函数：

```
void display(unsigned char dat)
{
    unsigned char i;
    ……;
}
```

其中，void 是函数的类型（空型），display 是函数名，函数名后要加圆括号，括号中 unsigned char 是函数的形参类型（无符号字符型），dat 是函数的形参。

函数体是花括号内的部分。它包括数据类型的声明部分和函数功能的执行部分。每条语句结束后都有"；"，函数体的作用是说明该函数的功能。

使用 C 语言编写的源程序只有通过编译后才能成为目标程序。在对源程序进行编译时，首先要对程序中的预处理指令进行预处理。这些预处理指令一般放在程序的头文件中，通过 #include<xxx. h>进行调用。例如，编写操作 51 单片机的程序时，要加#include<reg51. h>头文件，它包含了与 51 单片机有关的寄存器的定义。如果编程时不添加，在程序编译时就会报错。

微课视频

四、任务实施

1. 电路搭建

表 2.1.1　硬件电路图

名称	点亮一个发光二极管电路图			检索编号		XM2-01-01	

硬件电路

（电路图：+5 V、R1、VD1、P0.0、C1、S1、RST、R2、C2、C3、Y1、XTAL2、XTAL1、Vss、GND、U1 单片机、Vcc、EA、+5 V）

	编号	名称	参数	数量	编号	名称	参数	数量
元件清单	U1	单片机 AT89C51	DIP40	1	S1	微动开关	6*6*4.5	1
	R1	电阻	470 Ω, 1/4 W,1%	1	R2	电阻	10 kΩ,1/4W, 1%	1
	VD1	发光二极管	5 mm 红色	1	C2、C3	瓷片电容	22 pF	2
	C1	电解电容	22 μF/25 V	1	Y1	晶体振荡器	12 MHz 49 s	1

2. 程序编写

微课视频

表 2.1.2   程序编写表

<table>
<tr><td>名称</td><td colspan="2">点亮一个发光二极管程序编写</td><td>检索编号</td><td>XM2-01-02</td></tr>
<tr><td rowspan="7">程序设计</td><td>流程图</td><td colspan="2">程序</td><td colspan="2">注释</td></tr>
<tr><td rowspan="6">

开始
↓
P0.0=0
↓
结束</td><td>1</td><td>#include"reg51.h"</td><td colspan="2">//头文件 reg51.h 包含</td></tr>
<tr><td>2</td><td>sbit P0_0 = P0^0;</td><td colspan="2">//定义 P0.0 作为输出口</td></tr>
<tr><td>3</td><td>void main( )</td><td colspan="2">/* 主函数 */</td></tr>
<tr><td>4</td><td>{</td><td colspan="2">//程序开始</td></tr>
<tr><td>5</td><td>   P0_0 = 0;</td><td colspan="2">//点亮 LED</td></tr>
<tr><td>6</td><td>}</td><td colspan="2">//程序结束</td></tr>
<tr><td rowspan="6">程序说明</td><td colspan="5">　　第1行:头文件包含语句,该头文件是对51单片机专用寄存器 SFR 和部分位名称的定义。如果缺失,程序中凡是用到51单片机的专用寄存器或位名称的,就会报类似"error C202:'P0':undefined identifier"("P0"口未定义)的错误。reg51.h 头文件是 Keil C51 编译器提供的头文件,它保存在"Keil\c51\Inc"中,不需要用户编写。如果知道单片机的一个端口对应的寄存器的值,可以用 sfr 语句来直接定义,如"sfr P0 = 0x80"就是将 P0 口和寄存器0x80对应起来,也可以用自命名的符号来定义寄存器,建议用默认的定义。</td></tr>
<tr><td colspan="5">　　第2行:定义 P0_0 为 P0 口的第1位,用来进行 LED 控制的位操作。sbit 是 C51 扩展的变量类型,用于定义特殊功能寄存器的位变量。</td></tr>
<tr><td colspan="5">　　第3行:主函数定义语句。C 语言程序必须从主函数 main( )开始,void 是表示函数的反馈类型为空型。通常情况下,主函数既没有反馈值也不带形参,即为格式:void main (void),后一个 void 可以省略。</td></tr>
<tr><td colspan="5">　　第5行:给位定义变量"P0_0"写"0",点亮发光二极管。</td></tr>
<tr><td colspan="5">　　第4、6行:函数的开始和结束。函数体必须在一对花括号中,花括号必须成对出现。</td></tr>
<tr><td colspan="5"></td></tr>
</table>

编程小技巧

　　/*……*/和//用于程序的注释。程序的注释是为方便程序的阅读,不参加程序的编译和运行,可以使用汉字。/*……*/可以注释整个程序段,//只能注释一行程序。在调试程序时,如果想看某一程序段对整个程序的影响,可以先用注释符将其注释,然后观察运行结果。这是一种十分实用的程序调试方法。

　　C 语言程序每条语句后要加英文分号";",但是预处理命令、函数首部和函数体的花括号后面不加。

微课视频

3. 软件仿真

表 2.1.3　仿真任务单

任务名称		点亮一个发光二极管仿真		检索编号	XM2-01-03
专业班级			任务执行人	接单时间	
执行环境		☑ 计算机:CPU 频率≥1.0 GHz,内存≥1 GB,硬盘容量≥40 G,操作平台 Windows ☑ Keil uVision4 软件　　　　　☑ Proteus 软件			
任务大项	序号	任务内容	技术指南		
仿真电路图绘制	1	运行 Proteus 软件,设置原理图大小为 A4	运行 Proteus 软件,菜单栏中找到 system 并打开,选择"Set sheet sizes",选择图纸 A4。设置完成后,将图纸按要求命名和存盘		
	2	在元件列表中添加表 2.1.1"元件清单"中所列元器件	元件添加时单击元件选择按钮"P(pick)",在左上角的对话框"keyword"中输入需要的元件名称。各元件的 Category(类别)分别为单片机 AT89C52(Microprocessor AT89C52)、晶振(CRYSTAL)、电容(CAPACITOR)、电阻(Resistors)、发光二极管(LED-BLBY)		
	3	将元件列表中元器件放置在图纸中	在元件列表区单击选中的元件,鼠标移到右侧编辑窗口中,鼠标变成铅笔形状,单击左键,框中出现元件原理图的轮廓图,可以移动。鼠标移到合适的位置后,按下鼠标左键,元件就放置在原理图中		
	4	添加电源及地极	单击模型选择工具栏中的▤图标,选择"POWER(电源)"和"GROUND(地极)"添加至绘图区		
	5	按照表 2.1.1"硬件电路"将各个元器件连线	鼠标指针靠近元件的一端,当鼠标的铅笔形状变为绿色时,表示可以连线了,单击该点,再将鼠标移至另一元件的一端单击,两点间的线路就画好了		
	6	按照表 2.1.1"元件清单"中所列元器件参数编辑元件,设置各元件参数	双击元件,会弹出编辑元件的对话框。输入元器件参数。"component reference"输入编号。"Hidden"勾选就会隐藏前面选项		

续表

任务大项	序号	任务内容	技术指南
C语言程序编写	7	运行 Keil 软件,创建任务的工程模板	运行 Keil 软件,创建工程模板,将工程模板按要求命名并保存
	8	录入表2.1.2中的程序	程序录入时,输入法在英文状态下。表中"注释"部分是为方便程序阅读,与程序执行无关,可以不用录入
	9	程序编译	程序编译前,在 Target"Output 页"勾选"Create HEX File"选项,表示编译后创建机器文件,然后编译程序
	10	程序调试	程序调试时,通常出现的错误类型有 undefined identifier(变量未定义)需要定义变量, redefinition(变量重复定义),语句后缺分号,分号不是英文分号,函数体前后括号不成对。程序有错误是不能编译的,必须要消除。有警告可以编译,但有时会影响程序运行结果,要尽量避免
	11	输出机器文件	机器文件后缀为.hex,为方便使用,要和程序源文件分开保存
仿真调试	12	程序载入	在 Proteus 软件中,双击单片机,单击 🗁,找到后缀名为.hex 的存盘程序,导入程序
	13	运行调试	单击运行按钮 ▶ 开始仿真。在仿真运行时,红色小块表示电路中输出的高电平,蓝色小块表示电路中输出的低电平,灰色小块表示电路高阻态

4. 考核评价

表2.1.4　任务考评表

名称		点亮一个发光二极管任务考评表			检索编号		XM2-01-04
专业班级			学生姓名		总分		
考评项目	序号	考评内容		分值	考评标准	学生自评	教师评价
仿真电路图绘制	1	运行 Proteus 软件,按要求进行设置		5	软件不能正常打开扣2分,设置不正确每项扣1分		
	2	添加元器件		5	无法添加元件,或者元件添加错误,每处扣1分		

续表

考评项目	序号	考评内容	分值	考评标准	学生自评	教师评价
仿真电路图绘制	3	修改元器件参数	5	元器件、文字符号错误或不符合行业规定，每处扣1分		
	4	元器件连线	10	元器件连接错误，电源连接错误，网络端号编写错误，每处扣1分；连线凌乱，电路图不美观酌情扣1~3分		
C语言程序编写	5	运行Keil软件，创建任务的工程模板	5	软件设置不正确，每项扣1分；Keil工程创建错误，工程设置错误，每处扣1分		
	6	程序编写	10	程序编写错误，不能排除程序错误，每处错误扣1分		
	7	程序编译	10	程序无法编译，不能排除错误，每处错误扣1分		
仿真调试	8	程序载入	5	程序载入错误，仿真不能按要求进行，每处扣1分		
	9	运行调试	5	程序调试过程不符合操作规程，每处扣1分		
道德情操	10	热爱祖国、遵守法纪、遵守校纪校规	10	非法上网，非法传播不良信息和虚假信息，每次扣5分。出现违规行为，成绩不合格		
	11	讲文明、懂礼貌、乐于助人	10	不文明实训，同学之间不能相互配合，有矛盾和冲突，每次扣5分		
专业素养	12	实训室设备摆放合理、整齐	5	不按规定摆放实训物品和学习用具，每处扣1分。随意挪动设备，更改计算机设置，发现一次扣1分		
	13	保持实训室干净整洁，实训工位洁净	5	乱摆放工具、乱丢弃杂物、实训结束后不清理实训工位，每处扣1分		

续表

考评项目	序号	考评内容	分值	考评标准	学生自评	教师评价
专业素养	14	遵守安全操作规程,遵守纪律,爱惜实训设备	5	不正确使用计算机,出现违反操作规程的(如非法关机),每次扣2.5分。故意损坏设备,照价赔偿		
	15	操作认真,严谨仔细,有精益求精的工作理念	5	操作粗心,实训敷衍,每次扣2.5分		
日期				教师签字:		

闯关练习

表2.1.5　练习题

名称		闯关练习题		检索编号	XM2-01-05
专业班级		学生姓名		总分	
练习项目	序号	考评内容		学生答案	教师批阅
单选题 30分	1	下列( )电路是LED控制的常用电路图。 A. P0.0 ──▷VD── R1 ── +5 V B. +5 V ── R2 ── P0.0 ──▷VD── GND C. A和B			
	2	下列符号中,( )不能用于程序的注释。 A./ *……*/　B.;　C.//			
	3	Proteus软件在仿真运行时,红色小块表示( )。 A.高电平　B.低电平　C.高阻态			

练习项目	序号	考评内容	学生答案	教师批阅
填空题 30 分	4	发光二极管正负判断方法:(1)观察引脚长短,引脚长的为_____,短的为_____;(2)观察内部结构,_____接柱支架大,_____接柱支架小		
	5	C 语言程序是由_____构成的		
	6	一个函数由_____和_____两部分组成		
判断题 40 分	7	C 语言具有语言简洁、紧凑,使用方便、灵活,数据类型丰富,便于维护和程序形式自由等特点		
	8	C 语言是结构化的控制语句,是完全模块化和结构化的语言		
	9	预处理命令,函数首部和函数体的花括号后面要加";"		
	10	C 语言的头文件中,可以放在源程序的任何位置		
日期		教师签字:		

任务 2.2　发光二极管闪烁控制

一、任务情境

发光二极管作为汽车车灯使用,当汽车临时停车或发生故障时,按照交通法规要求,需要开启"双闪"。这时就需要对发光二极管进行闪烁控制。另外,在一些信号指示中,通过发光二极管的闪烁可以传递不同的指示信息。由此可知,发光二极管的闪烁控制是发光二极管控制的一个重要内容,本任务是用单片机控制一个发光二极管闪烁。要求闪烁稳定,可以直接观察。

二、任务分析

微课视频

1.硬件电路分析

一个发光二极管的控制,不管是点亮控制还是闪烁控制,在硬件上接线是相同的,这里不再赘述。

2.软件设计分析

发光二极管闪烁控制的程序设计思路是先让发光二极管点亮,然后持续一段时间后熄灭,再持续一段时间点亮,如此周而复始。发光二极管的闪烁控制原理如图2.2.1所示。

图2.2.1　发光二极管闪烁控制原理图

这种持续一段时间的控制,可以用延时函数来实现。不同的延时时间可以实现发光二极管不同的闪烁形式。需要说明的是,延时函数的编写是学习单片机编程的一个重要内容,延时函数中延时时间的计算,在后续的项目中有专门的介绍,本任务只介绍简单延时函数的编程,不涉及延时时间计算的问题。

三、知识链接

1. 发光二极管的驱动

发光二极管是电流驱动型器件,它的工作电流受发光二极管类型的不同而不同。以常用的直径5 mm的发光二极管为例,它的最大正向电流一般为25 mA,工作电流为20 mA,开启电流为3 mA左右。

发光二极管的正向压降U_F受它的材料和颜色的不同而不同。其中,红色的压降为2.0～2.2 V,黄色的压降为1.8～2.0 V,绿色的压降为3.0～3.2 V。

采用低电平驱动时,图2.1.1(a)的驱动电路,发光二极管的限流电阻R的计算公式为

$$R = \frac{(E - U_F)}{I_F}$$

式中,E为电源电压;U_F为发光二极管的正向压降;I_F为发光二极管的工作电流。

> **知识小贴士**
>
> 如果电源电压E为5 V,LED正向压降U_F为1.8 V,工作电流I_F为10 mA,那么LED的限流电阻$R = (5-1.8)V/10\ mA = 320\ \Omega$。10 mA电流是LED静态显示时的值,如果想让LED再亮一些,可以降低限流电阻R的值。但不可让工作电流大于LED最大电流。

2. 函数

微课视频

(1) 函数的概念

一个C语言程序由一个或多个程序模块组成,每一个程序模块作为一个源程序文件。对较大的程序,一般不会把所有内容全放在一个源文件中,而是将它们分别放在若干个源文件中,再由若干源程序文件组成一个C语言程序。这样做的目的是方便程序编写和调试。

一个源程序文件是由一个或多个函数以及其他有关内容(如命令行、数据定义等)组成。一个源程序文件是一个编译单位,在程序编译时是以源程序文件为单位进行编译的。

C语言程序是由函数构成的。C语言程序的执行是从主函数main()开始的,也是在主函

数 main( )中结束。其他子函数是通过主函数 main( )进行调用,调用后要返回到主函数 main( )。无论是主函数还是子函数,它们都是平行的,在定义时要分别定义,不能嵌套定义。函数间可以互相调用,但子函数不能调用主函数 main( ),因为主函数 main( )是系统调用的。

从用户使用的角度来看,函数分为标准函数和用户自定义函数。标准函数是由系统提供的库函数,用户一般只使用,不定义。用户自定义的函数是用来解决用户的专门需要而定义的,像延时函数、显示函数、键盘检测函数等。

从函数的参数形式来看,函数分为无参数函数和有参数函数。无参数函数在调用时,主函数不向它传递数据。这种函数一般用来执行指定的一组操作。有参数函数在调用函数时,主函数会向它传递数据,在执行完成后,会向主函数返回一个结果值。

(2)函数定义的一般形式

1)无参数函数的一般形式

类型标志符　函数名( )

{

　　声明部分

　　语句部分

}

其中,"类型标志符"是指函数反馈值的数据类型。

2)有参函数的一般形式

类型标志符　函数名(形式参数表列)

{

　　声明部分

　　语句部分

}

其中,"形式参数表列"是指向函数传递的数据。

(3)函数参数类型

函数的参数类型有两种:形式参数(简称"形参")和实际参数(简称"实参")。形式参数是在定义函数时,函数名后括弧中的变量。实际参数是在调用一个函数时,函数名后括弧中的参数。

在内存中,形参单元和实参单元是不同的单元。形式参数在函数没有调用时,它们不占内存中的存储单元。只有函数调用时,形参才分配内存单元。调用结束后,形参所占的内存单元被释放。实际参数是常量、变量或表达式,要求它们有确定的值。在 C 语言中,参数的传递是单向的,只由实参传给形参,而不能由形参传向实参。

3. for 语句

for 语句在 C 语言中属于循环结构语句,主要用于程序的循环。基本句式如下:

for(表达式 1;表达式 2;表达式 3)

{

微课视频

　　　　循环体语句;
　　　}
　　其中,表达式 1 是循环变量的赋初值;表达式 2 是循环条件的
判断;表达式 3 是循环变量增值。
　　for 语句的执行过程如下:
　　①先求解表达式 1。
　　②求解表达式 2,若其值为真(值为非 0),则执行 for 语句中的
循环体,然后执行下面第③步。若为假(值为 0),结束循环,转到
第⑤步。
　　③求解表达式 3。
　　④转回第②步继续执行。
　　⑤循环结束,执行 for 语句下面的一个语句。执行流程图如图
2.2.2 所示。

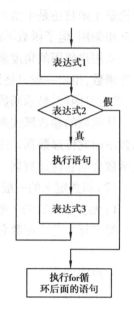

图 2.2.2　for 循环执行流程图

　　例如,用 for 语句对 1,2,3,…,99,100 这 100 个数字累加求和
时,程序段如下:

```
void main ( )    //求和函数
{
    int i ;       // 定义循环变量
    int sum=0 ;     //定义求和变量,存放累加值
    for( i=1;i<=100;i++)
    {
        sum=sum+i;
    }
}
```

　　程序执行如下:首先给循环变量 i 赋初值,让它从 1 开始累加;接着判断 i 的值是否增至
100,如果不是,执行语句"sum=sum+i"进行和值累加;然后让变量 i 增加 1,再重新判断;直到
i=101 时,for 语句表达式 2 不成立,退出 for 循环。

编程小技巧

　　for 语句在使用时,括号中的 3 个表达式是可以缺省的,但是分号不能缺省。
　　①当"表达式 1"缺省时,for 语句缺少循环变量赋初值语句,循环变量赋初值要在
for 语句前进行。例如,for(;i<=100;i++) sum=sum+i; 执行时,跳过"表达式 1"这一
步,其他不变。
　　②当"表达式 2"缺省时,for 语句缺省循环条件判断语句,程序默认"表达式 2"始
终为真,将无终止地进行下去。例如,for(i=1; ;i++) sum=sum+i; 表达式 2 缺省,求
和累加会一直进行下去。
　　③当"表达式 3"缺省时,此时为了保证循环能正常结束,需要在循环体内加循环
条件语句。例如,for(i=1;i<=100;) {sum=sum+i;i++;} 没有表达式 3,为了使循环
正常结束,i++的操作只能放在循环体内,作为循环体的一部分。

当然,for 语句的 3 个表达式可以同时缺省任意两个。当它们都缺省时,如 for(;
;),此时 for 语句既无初值,又无条件判断,循环变量也无增值。它将无终止地执行循环体,变成一个无限循环语句。这个语句和 while(1)语句功能相同,在设置无限循环时经常用到。

四、任务实施

1. 电路搭建

微课视频

表 2.2.1　硬件电路图

名称	发光二极管闪烁控制电路图			检索编号		XM2-02-01		
硬件电路								

	编号	名称	参数	数量	编号	名称	参数	数量
元件清单	U1	单片机 AT89C51	DIP40	1	S1	微动开关	6*6*4.5	1
	R1	电阻	470 Ω, 1/4W,1%	1	R2	电阻	10 kΩ,1/4W, 1%	1
	VD1	发光二极管	5 mm 红色	1	C1、 C2	瓷片电容	22 pF	2
	C1	电解电容	22 μF/25 V	1	Y1	晶体振荡器	12 MHz 49 s	1

微课视频

2. 程序编写

表 2.2.2　程序编写表

名称	发光二极管闪烁控制程序编写		检索编号	XM2-02-02

	流程图		程序	注释
程序设计	开始 ◇1 P0.0=0 延时 P0.0=1 延时	1	#include" reg51. h"	//头文件 reg51. h 包含
		2	sbit P0_0=P0^0;	//定义 P0.0 作为输出口
		3	void main( )	/＊主函数＊/
		4	{	//程序开始
		5	unsigned char i;	//定义 for 循环变量
		6	for(;;)	//无限循环,闪烁持续进行
		7	{	
		8	P0_0=0;	//点亮 LED
		9	for(i=0;i<100;i++);	//做 100 次空循环,延时
		10	P0_0=1;//熄灭 LED	//熄灭 LED
		11	for(i=0;i<100;i++) ;	//做 100 次空循环,延时
		12	}	
		13	}	//程序结束

程序说明

　　第5行:定义 for 循环变量为无符号字符型,用于循环控制。C 语言变量的使用遵循"先定义,后使用"的原则。在使用一个变量时,需要提前在程序中定义。

　　第6行:这是一个无限循环语句,它和后面学到的 while(1)是等价的,该语句执行时,程序进入死循环。在这里表示闪烁持续进行。

　　第9和11行:延时语句,用来实现 LED 亮、灭状态的保持。C 语言中,执行一条语句需要消耗一定的机器周期,延时函数就是利用消耗机器周期的时间来工作。这两条语句是"空语句",没有具体功能,只是单纯地"消耗时间"。这种通过消耗机器周期来延时的编程方式在后续的编程中使用十分频繁。这种情况下,CPU 什么也没有做,只是"原地打圈",这样在一些对响应要求高的实时系统中是不符合要求的,可以借助"中断"来实现软件延时,"中断"参见项目5的任务3。

编程小技巧

　　C 语言中,对一些特定功能的程序段,可以写成函数的形式。例如,第9行和第11行程序,它们的功能是实现软件延时,可以写成以下延时函数:

```
void delay( ) /＊ 延时函数＊/
{
    unsigned char i;       //定义 for 循环变量
    for(i=0;i<100;i++); //做 100 次空循环,延时
```

```
}
```

然后将主函数中第 9 行和第 11 行的程序替换成"delay( );",实现的功能是一样的。需要说明的是,延时函数的定义要写在主函数的前面。如果写在主函数后面,编译时会报以下错误:

C(21): warning C206: ' delay' : missing function-prototype

C(27): error C231: ' delay' : redefinition

C(32): error C231: ' delay' : redefinition

其中,C(21)表示警告在程序的第 21 行,可以双击该警告,Keil 会自动跳至警告处。警告含义是"缺少函数原型",当程序执行到主函数中的 delay( );语句时,delay 函数定义在主函数后面,Keil 认为 delay 函数未定义,就会在主函数中定义。当运行至 delay 函数定义部分时,因为在主函数中已经定义,所以就会报后面"重复定义"的错误。如果函数已经定义在主函数后面,避免这种错误方法是在主函数前申明 delay 函数,申明格式如下:

void delay( );

上述替换可能看不出它的必要性,但当程序段多时,这样的编程方法能极大地提高编程效率,提高程序的可读性,如下面的程序段:

```
void delay( unsigned char t)     /* 带形参的延时函数 */
{
    unsigned char i,j;      //定义 for 循环变量
    for(i=0;i<t;i++)        //循环次数由形参 t 决定
    {
        for(j=0;j<100;j++);       //嵌套 for 循环,增加循环次数
    }
}
void main( )      /* 主函数 */
{
    for( ;;)     //无限循环,闪烁持续进行
    {
        P0_0=0;     //点亮 LED
        delay(100);     //实参"100"用来调节延时时间。
        P0_0=1;     //熄灭 LED
        delay(100);     //实参"100"用来调节延时时间。
    }
}
```

当要求 LED 闪烁的频率不一样时,只需要改变主函数中"delay(100);"括号中实参的值,而不去调整延时函数内部的变量,这样方便程序的调试。

3. 软件仿真

表 2.2.3　仿真任务单

任务名称		发光二极管闪烁控制程序编写		检索编号	XM2-02-03
专业班级			任务执行人	接单时间	
执行环境		☑ 计算机:CPU 频率≥1.0 GHz,内存≥1 GB,硬盘容量≥40 GB,操作平台 Windows ☑ Keil uVision4 软件　　　　☑ Proteus 软件			
任务大项	序号	任务内容	技术指南		
仿真电路图绘制	1	运行 Proteus 软件,设置原理图大小为 A4	运行 Proteus 软件,菜单栏中找到 system 并打开,选择"Set sheet sizes",选择图纸 A4。设置完成后,将图纸按要求命名和存盘		
	2	在元件列表中添加表 2.2.1"元件清单"中所列元器件	元件添加时单击元件选择按钮"P(pick)",在左上角的对话框"keyword"中输入需要的元件名称。各元件的 Category(类别)分别为单片机 AT89C52(Microprocessor AT89C52)、晶振(CRYSTAL)、电容(CAPACITOR)、电阻(Resistors)、发光二极管(LED-BLBY)		
	3	将元件列表中元器件放置在图纸中	在元件列表区单击选中的元件,鼠标移到右侧编辑窗口中,鼠标变成铅笔形状,单击左键,框中出现元件原理图的轮廓图,可以移动。鼠标移到合适的位置后,按下鼠标左键,元件就放置在原理图中		
	4	添加电源及地极	单击模型选择工具栏中的 图标,选择"POWER(电源)"和"GROUND(地极)"添加至绘图区		
	5	按照表 2.2.1"硬件电路"将各个元器件连线	鼠标指针靠近元件的一端,当鼠标的铅笔形状变为绿色时,表示可以连线了,单击该点,再将鼠标移至另一元件的一端单击,两点间的线路就画好了		
	6	按照表 2.2.1"元件清单"中所列元器件参数编辑元件,设置各元件参数	双击元件,会弹出编辑元件的对话框。输入元器件参数。"component reference"输入编号。"Hidden"勾选就会隐藏前面选项		

续表

任务大项	序号	任务内容	技术指南
C 语言程序编写	7	运行 Keil 软件,创建任务的工程模板	运行 Keil 软件,创建工程模板,将工程模板按要求命名并保存
	8	录入表 2.2.2 中的程序(也可以试着录入"编程小技巧"中给出的程序)	程序录入时,输入法在英文状态下。表单中"注释"部分是为方便程序阅读,与程序执行无关,可以不用录入(注意:"编程小技巧"中给出的程序没有头文件和端口定义,在录入时要自行添加)
	9	程序编译	程序编译前,在 Target "Output 页"勾选 "Create HEX File"选项,表示编译后创建机器文件,然后编译程序
	10	程序调试	按下 Ctrl+F5,或单击🔍,或通过"调试→启动/停止仿真调试"启动 Keil 仿真调试。通过菜单栏"外围设备→I/O-Ports→Port 0"打开 P0 口。单击单步按钮,查看在单步运行下 P0.0 口的点位变化情况。其中,打√表示高电平,空白表示低电平
	11	输出机器文件	机器文件后缀为.hex,为方便使用,要与程序源文件分开保存
仿真调试	12	程序载入	在 Proteus 软件中,双击单片机,单击📁,找到后缀名为.hex 的存盘程序,导入程序
	13	运行调试	Proteus 软件中,在左侧工具栏中找到 图标,单击该图标在 "INSTRUMENTS(仪表)"的界面,选择"OSCILLIOSCOPE(示波器)"。接入示波器的"A"至"P0.0"口,单击运行按钮▶️开始仿真。调节示波器,观察通道 A 的波形变化。如果没有波形界面,右键单击示波器,单击"Digital Oscilloscope(数字示波器)"就可以调出示波器界面

4. 实物制作

微课视频

表 2.2.4　实物制作工序单

任务名称	发光二极管控制实物制作工序单		检索编号	XM2-02-04
专业班级		小组编号	小组负责人	
小组成员			接单时间	
工具、材料、设备	计算机、恒温焊台、直流稳压可调电源、万用表、双踪示波器、元器件包、任务 PCB 板、电子焊接工具包、SPI 下载器			

续表

工序名称	工序号	工序内容	操作规范及工艺要求	风险点
任务准备	1	技术交底会	掌握工作内容,落实工作制度和"四不伤害"安全制度。	对工作制度和安全制度落实不到位
	2	材料领取	落实工器具和原材料出库登记制度	工器具领取混乱,工作场地混乱
元件检测	3	对照表2.1.1"元件参数",检测各个元器件	落实《电子工程防静电设计规范》(GB 50611—2010)	(1)人体静电击穿损坏元器件 (2)漏检或错检元器件
焊接	4	单片机最小系统焊接	参见表1.1.2	参见表1.1.2
	5	发光二极管和限流电阻焊接	(1)操作时要戴防静电手套和防静电手腕,电烙铁要接地 (2)焊接温度260 ℃,3 s以内 (3)焊点离封装大于2 mm	(1)发光二极管静电击穿 (2)发光二极管高温损坏 (3)发光二极管极性焊错
调试	6	无芯片短路测试	在没有接入单片机时,电源正负接线柱电阻接近无穷	(1)电源短路 (2)器件短路
	7	无芯片开路测试	LED正向能导通,反向截止,相当于开路	焊接不到位引起的开路
	8	无芯片功能测试	(1)开、短路测试通过后接入电源 (2)电源电压调至5 V,接入电路板电源接口 (3)测试端子P1接电源负极,观察LED是否发光	(1)电路板带故障开机 (2)电源接入前要调好电压,关机后再接入电路板,接线完成再开机。防止操作不符合规范,引起电路板烧坏
	9	程序烧写	分别烧入表2.1.2和表2.2.2中的程序	程序无法烧写

续表

工序名称	工序号	工序内容	操作规范及工艺要求	风险点
调试	10	带芯片测试	如果 LED 显示不正常,查看下面几点:①单片机工作电压是否正常;②复位电路是否正常;③晶振及两个电容的数值是否正确,万用表测量单片机晶振的两个管脚,大约 2 V;④P0.0 口电压或波形是否正常	(1)单片机不能正常工作 (2)LED 不能正常显示
任务结束	11	工作场所清理	符合企业生产"6S"原则,做到"工完、料尽、场地清"	
	12	材料归还	落实工器具和原材料入库登记制度,耗材使用记录和实训设备使用记录	工器具归还混乱,耗材及设备使用未登记
	13	任务总结会	总结工作中的问题和改进措施	总结会流于形式,工作总结不到位
时间			教师签名:	

5. 考核评价

表 2.2.5　任务考评表(一)

名称		发光二极管闪烁控制程序编写				检索编号	XM2-02-05
专业班级			学生姓名			总分	
考评项目	序号	考评内容	分值		考评标准	学生自评	教师评价
仿真电路图绘制	1	运行 Proteus 软件,按要求进行设置	5		软件不能正常打开扣 2 分,设置不正确每项扣 1 分		
	2	添加元器件	5		无法添加元件,或者元件添加错误,每处扣 1 分		
	3	修改元器件参数	5		元器件文字符号错误或不符合行业规定,每处扣 1 分		

续表

考评项目	序号	考评内容	分值	考评标准	学生自评	教师评价
仿真电路图绘制	4	元器件连线	10	元器件连接错误,电源连接错误,网络端号编写错误,每处扣1分;连线凌乱,电路图不美观酌情扣1~3分		
C语言程序编写	5	运行Keil软件,创建任务的工程模板	5	软件设置不正确,每项扣1分;Keil工程创建错误,工程设置错误,每处扣1分		
	6	程序编写	10	程序编写错误,不能排除程序错误,每处错误扣1分		
	7	程序编译	10	程序无法编译,不能排除错误,每处错误扣1分		
仿真调试	8	程序载入	5	程序载入错误,仿真不能按要求进行,每处扣1分		
	9	运行调试	5	程序调试过程不符合操作规程,每处扣1分		
道德情操	10	热爱祖国、遵守法纪、遵守校纪校规	10	非法上网,非法传播不良信息和虚假信息,每次扣5分。出现违规行为,成绩不合格		
	11	讲文明、懂礼貌、乐于助人	10	不文明实训,同学之间不能相互配合,有矛盾和冲突,每次扣5分		
专业素养	12	实训室设备摆放合理、整齐	5	不按规定摆放实训物品和学习用具,每处扣1分。随意挪动设备,更改计算机设置,发现一次扣1分		
	13	保持实训室干净整洁,实训工位洁净	5	乱摆放工具、乱丢弃杂物、实训结束后不清理实训工位,每处扣1分		
	14	遵守安全操作规程,遵守纪律,爱惜实训设备	5	不正确使用计算机,违反操作规程的(如非法关机),每次扣2.5分。故意损坏设备,照价赔偿		
	15	操作认真,严谨仔细,有精益求精的工作理念	5	操作粗心,实训敷衍,每次扣2.5分		
日期				教师签字:		

表 2.2.6　任务考评表(二)

名称		发光二极管控制实物制作考评表			检索编号		XM2-02-06
专业班级			学生姓名			总分	
考评项目	序号	考评内容	分值	考评标准		学生自评	教师评价
线路板焊接与装配	1	焊接装配时电路布线符合工艺、安全和技术要求,整齐、美观、可靠。电路板上所焊接元器件的焊点大小适中、光滑、圆润、干净,无毛刺。无漏、假、虚、连焊,所焊接元器件与封装对应	20	布线不符合工艺要求,可靠性差,每处扣 2 分。元器件与封装不对应,焊点不符合要求每处扣 2 分。完成整机安装后,安装工艺不符合要求扣 2 分			
	2	使用电子测量仪器、仪表对有关参数进行测试并记录;电子电路功能及技术指标符合要求,电路参数正确	20	仪器、仪表使用不当,每次扣 2 分。电路功能和技术指标不符合要求,每处扣 2 分			
程序烧写与调试	3	程序调试过程符合操作规程,程序能够正常烧写	20	程序调试过程不符合操作规程,每处扣 2 分。程序烧写错误扣 5 分			
	4	根据电路功能查找故障,并对故障进行排除,实现电路功能	20	故障无法排除,每处扣 2 分			
道德情操	5	讲文明、懂礼貌、乐于助人	5	不文明实训,同学之间不能相互配合,有矛盾和冲突,每次扣 1 分			
专业素养	6	严格按照用电安全规范操作,遵守安全操作规程,做好防静电防护	10	出现违规操作,每次扣 5 分			
	7	符合职业岗位的要求和企业生产"6S"标准。仪器仪表及工具摆放整齐。实训室干净整洁,实训工位洁净	10	仪器仪表和工具乱摆乱放,工位不整洁扣 5 分。工作环节脏乱,有杂物、实训结束后不清理实训工位,每处扣 2 分			
	8	实训结束后认真仔细填写各类记录,总结实训经验,有精益求精的工作理念	5	元器件、材料使用记录、实训记录未填写,每次扣 2 分。实训敷衍,每次扣 2 分			
日期				教师签字:			

闯关练习

表 2.2.7 练习题

名称		闯关练习题		检索编号	XM2-02-07
专业班级		学生姓名		总分	
练习项目	序号	考评内容		学生答案	教师批阅
单选题 25 分	1	如果电源电压为 5 V,LED 正向压降为 1.8 V,工作电流为 20 mA,那么 LED 的限流电阻为( )。 A. 320 Ω B. 160 Ω C. 470 Ω			
	2	Keil 编译时报"C(27):error C231:' delay':redefinition"错误,是指( )。 A. 未定义 B. 重复定义 C. 缺少函数原型			
填空题 25 分	3	C 语言程序的执行是从_____开始的,是在_____中结束			
	4	从函数的参数形式来看,函数分为_____和_____。 ____在调用时,主调函数不向它传递数据			
判断题 25 分	5	在 C 语言中,参数的传递是双向的,可以由实参传给形参,也可以由形参传向实参			
	6	for 语句中,3 个表达式都没有,就变成一个无限循环语句			
简答题 25 分	7	试着用 for 语句写成 1~50 这个 50 个数字的和			
	8	在单片机 P0.0 口接一个 LED,试着写一个闪烁程序。要求亮的时间大于灭的时间			
日期		教师签字:			

项目3

多个发光二极管的控制

本项目通过多个 LED 的控制,在硬件学习上掌握单片机与多个 LED 的连接,学会单片机 I/O 的驱动和扩展。软件上继续学习 C 语言的知识,学习 C 语言的数据类型、常量、变量、表达式和运算符,学习循环语句 while 在编程中的使用,学习数制和数制间的相互转换等电子技术中的相关知识。通过项目实施,在掌握单片机基础知识的同时,进一步培养同学们工程思维的能力。

【知识目标】

1. 知道数制和数制间的相互转换。

2. 掌握 C 语言的数据类型。

3. 掌握 C 语言中的常量和变量。

4. 掌握 C 语言的表达式和运算符。

5. 掌握 while 语句的使用。

6. 掌握单片机 I/O 口扩展和驱动。

微课视频

【技能目标】

1. 会使用单片机实现多个发光二极管的控制。

2. 能够完成多个发光二极管的控制的程序编写、调试和仿真。

【情感目标】

1. 熟悉"6S"标准在生产实训中的运用。

2. 理解单片机项目开发的整体步骤,培养学生的工程思维。

3. 通过"爱心"灯的设计,让同学们树立"匠心筑梦,强国有我"的理想。

【学习导航】

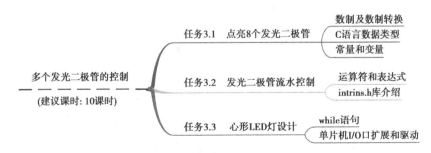

任务 3.1　点亮 8 个发光二极管

一、任务情境

在一些广告字牌中,经常能够看到用发光二极管制作的商品名和店面门头(图 3.1.1)。绚丽的显示效果能够很好地吸引消费者的眼球。在这些字牌中,所用的发光二极管数量各不相同,但控制方式基本相同。以 8 个发光二极管的控制为例,讲解用单片机控制发光二极管的点亮方法。要求发光二极管能够交叉点亮。

图 3.1.1　发光二极管制作的广告字牌

微课视频

二、任务分析

1. 硬件电路分析

8 个发光二极管与单片机的接法通常有两种形式:共阳接法(图 3.1.2)和共阴接法(图3.1.3)。

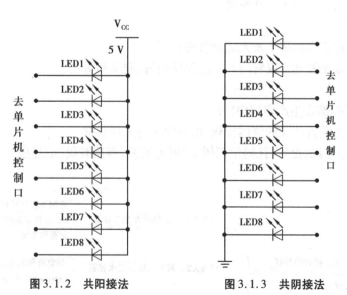

图 3.1.2　共阳接法　　　　图 3.1.3　共阴接法

共阳接法是将发光二极管的所有阳极接到一起,接在电源正极上。阴极接限流电阻(图中未画出)与单片机的 I/O 相连,想要点亮哪个发光二极管,只需要给对应的位上一个低电平。发光二极管的点亮形式和低电平点亮形式一致,即向对应位写"0"。

共阴接法是将发光二极管的阴极接到一起,接在电源负极上。阳极与限流电阻串联(图中未画出),接到在单片机的 I/O 口上,想要点亮哪个发光二极管,只需要将对应的位拉高。发光二极管的点亮形式和高电平点亮形式一致,即向对应位写"1"。

> **知识小贴士**
>
> 　　单片机的 4 个 I/O 口(P0、P1、P2 和 P3)中,P0 的内部没有上拉电阻,它的输出电路是漏极开路电路。这种电路可以输出低电平。要输出高电平时,必须外接上拉电阻。如果 LED 采用高电平点亮时,若用 P0 口来驱动,P0 口必须接一组上拉电阻。本项目中 LED 采用低电平点亮的形式,P0 口没有接上拉电阻。
>
> 　　P1、P2 和 P3 口的内部已经有上拉电阻,作为输出端口时,外部不用接上拉电阻。

对共阳和共阴接法中限流电阻的选择,与项目 2 中的选择方法相同。

2. 软件设计分析

51 单片机的 4 个端口具有按位读写和整体读写的功能。单个发光二极管可以采用按位点亮,如操作 P0.0 端口时,只需按位给 P0.0 端口一个低电平。8 个发光二极管的点亮采用端口整体操作。

以 P0 口为例,要想让 P0 口连接的 8 个发光二极管交叉亮灭,需要给 P0 口交叉输出"0""1"。写成二进制码为 10101010(十六进制 0xaa),代码为 P0=0xaa。

三、知识链接

1. 数制及数制转换

（1）数制

数制也称计数制,是用一组固定的符号和统一的规则来表示数值的方法。常用的数制有十进制、二进制、八进制和十六进制。与数制有关的概念有数码、基数和位权(表 3.1.1)。

数码是数制中表示基本数值大小的不同数字符号。例如,十进制有 10 个数码:0、1、2、3、4、5、6、7、8、9。

基数是数制所使用数码的个数。例如,二进制的基数为 2;十进制的基数为 10。

位权是数制中某一位上的 1 所表示数值的大小(所处位置的价值)。例如,十进制的 523,5 的位权是 100,2 的位权是 10,3 的位权是 1。

表 3.1.1　数制种类及特征

进制	基数	基本数码	权	特点
十进制	10	0、1、2、3、4、5、6、7、8、9	10^i	逢十进一
二进制	2	0、1	2^i	逢二进一
八进制	8	0、1、2、3、4、5、6、7	8^i	逢八进一
十六进制	16	0、1、2、3、4、5、6、7、8、9、A、B、C、D、E、F	16^i	逢十六进一

其中,在十六进制中,分别用 A、B、C、D、E、F 表示十进制中的 10、11、12、13、14、15。

(2)数制转换

1)十进制转二进制

十进制转二进制方法是"除 2 取余,逆序排列",即十进制数除 2,余数为二进制权位上的数,得到的商值继续除 2,依此步骤继续向下运算直到商为 0 为止。如图 3.1.4 所示,173 的二进制为 10101101。

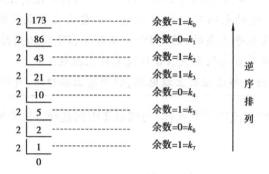

图 3.1.4　十进制转二进制方法

2)二进制转十进制

二进制转十进制方法是把二进制数按权展开,相加即得十进制数。例如,将二进制 01111101 转换成十进制 125,转换过程如下:

$$1×2^6+1×2^5+1×2^4+1×2^3+1×2^2+0×2^1+1×2^0=125$$

3)二进制转十六进制

二进制转十六进制的方法是 4 位二进制数按权展开相加得到 1 位十六进制数,需要注意的是从右到左开始转换,不足时补 0,它们之间的转换对应见表 3.1.2。

表 3.1.2　不同进制间对应表

二进制	十进制	十六进制	二进制	十进制	十六进制
0000	0	0	1000	8	8
0001	1	1	1001	9	9
0010	2	2	1010	10	A
0011	3	3	1011	11	B
0100	4	4	1100	12	C
0101	5	5	1101	13	D
0110	6	6	1110	14	E
0111	7	7	1111	15	F

4)十六进制转二进制

十六进制转二进制方法是十六进制数通过除 2 取余得到二进制数。每个十六进制为 4 个二进制,不足时在最左边补零。

2. C 语言数据类型

如图 3.1.5 所示为 C 语言的数据类型,其中 sfr、sfr16 和 sbit 不是 C 语言数据类型,它们是与 51 单片机有关的扩展数据类型。

微课视频

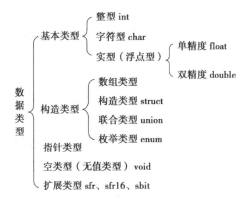

图 3.1.5　C 语言数据类型框图

在这些数据类型中,它们的取值范围见表 3.1.3。

表 3.1.3　数据类型取值范围表

数据类型	关键字	长度	数值范围
字符型	unsigned char(无符号字符型)	1Byte	$0 \sim 255$,即 $0 \sim (2^8-1)$
	char(有符号字符型)	1 Byte	$-128 \sim 127$,即 $-2^7 \sim (2^7-1)$
整型	unsigned int(无符号整型)	2 Byte	$0 \sim 65\ 535$,即 $0 \sim (2^{16}-1)$
	int(有符号整型)	2 Byte	$-32\ 768 \sim 32\ 767$,即 $-2^{15} \sim (2^{15}-1)$
长整型	unsigned long(无符号长整型)	4 Byte	$0 \sim 4\ 294\ 967\ 296$,即 $0 \sim (2^{32}-1)$
	long(有符号长整型)	4 Byte	$-2\ 147\ 483\ 648 \sim 2\ 147\ 483\ 647$, 即 $-2^{31} \sim (2^{31}-1)$
浮点型	float(单精度浮点型)	4 Byte	$\pm 1.175\ 494 \times 10^{-38} \sim \pm 3.402\ 823 \times 10^{38}$
	double(双精度浮点型)	4 Byte	$\pm 1.175\ 494 \times 10^{-38} \sim \pm 3.402\ 823 \times 10^{38}$
指针	*	$1 \sim 3$ Byte	对象的地址
位	bit	1bit	0 或 1
可寻址位	sbit	1bit	0 或 1
专用寄存器	sfr	1Byte	$0 \sim 255$,即 $0 \sim (2^8-1)$
16 位专用寄存器	sfr16	2 Byte	$0 \sim 65\ 535$,即 $0 \sim (2^{16}-1)$

(1)字符型 char

字符数据类型分为字符常量和字符变量。字符常量是用单引号包含的一个字符,它只能包含一个字符,如'4''f''D'等;字符变量是用来存放字符常量的,并且只能放一个常量字符,用 char 表示。一个字符变量在内存中占一个字节。

将一个字符常量放到一个字符变量中,实际上并不是把该字符本身放到内存单元中去,而是将该字符相应的 ASCII 代码放到存储单元中。这样使字符型数据和整型数据之间可以通用。一个字符数据既可以以字符形式输出,也可以以整数形式输出。

将字符变量定义为 signed char 型。其存储单元中的最高位作为符号位,它的取值范围是 -128 ~ 127。如果定义为 usigned char 型,表示无符号字符型,它的取值范围是 0 ~ 255。

（2）整型 int

C 语言中的整型有短整型（short int）、基本整型（int）、长整型（long int）、无符号整型（unsigned int）。它们的长度和取值范围见表 3.1.3。需要说明的是,在 C51 编译器中短整型（short int）和整型（int）相同,为方便学习统一用整型（int）表示。

与字符型一样,整型也有常数和变量之分。常数可用十进制、八进制和十六进制表示。整型变量定义格式如下:

【存储类型】数据类型 变量名

如 int i、unsigned int j,也可以在变量定义是初始化变量,如 int a=24。

（3）C51 扩展数据类型

sfr 用于访问单片机内部所有的 8 位特殊功能寄存器。用它定义特殊功能寄存器的格式如下:

sfr 特殊功能寄存器名=特殊功能寄存器地址

例如,sfr P0=0x80;表示访问 P0 的端口地址是 0x80。

sfr16 是新一代 C51 单片机的扩展数据类型,它和 sfr 功能相似,用于定义 16 位的特殊功能寄存器。

sbit 用于访问芯片内部的 RAM 中的可寻址或特殊功能寄存器中的可寻址位。例如,sbit LED=P1^1;表示定义 P1.1 引脚为 LED 的输出引脚。

3. 常量和变量

（1）常量

常量是在程序运行的时候,其值不会改变的量。例如,整型常量 10、0xf6;字符常量 'd' '6';字符串常量"danpianji"等。

（2）变量

变量就是程序运行期间,这些值是可以改变的量。它代表内存中具有特定属性的一个存储单元。变量的使用必须遵循"先定义,后使用"的原则。C 语言变量命名的规定:变量由字母、数字和下划线 3 种字符组成,且第一个字符必须为字母或下划线,如 sum、_red、j_1 等。

知识小贴士

变量使用注意事项

第一,C 语言对变量定义时区别大小写字母,即 'A' 和 'a' 是不同的变量;第二,变量名的长度最好不要超过 8 个字符,并且做到"见名知意",如用 name 定义姓名、用 value 定义数值等;第三,C 语言中的一些关键字（auto、auto int、double、long、char、float、 short、signed、unsigned、struct、union、enum、static、switch、case、default、break、register、const、volatile、typedef、extern、return、void、continue、do、while、if、else、for、goto、sizeof）不能作为变量定义的标志符,这些关键字在编程时,Keil 软件会以高亮形式自动标注。

四、任务实施

1.电路搭建

微课视频

表 3.1.4　硬件电路图

名称	点亮 8 个发光二极管电路图			检索编号		XM3-01-01	
硬件电路	![硬件电路图]						
元件清单	编号	名称	参数	数量	编号	名称	参数	数量

元件清单	编号	名称	参数	数量	编号	名称	参数	数量
	U1	单片机 AT89C51	DIP40	1	S1	微动开关	6*6*4.5	1
	R1	电阻	10 kΩ,1/4 W, 1%	1	R2— R9	电阻	470 Ω, 1/4 W,1%	8
	VD1— VD8	发光二极管	5 mm 红色	8	C2、 C3	瓷片电容	22 pF	2
	C1	电解电容	22 μF/25 V	1	Y1	晶体振荡器	12 MHz 49 s	1

2. 程序编写

微课视频

表 3.1.5　程序编写表

名称	点亮 8 个发光二极管程序编写		检索编号	XM3-01-02

	流程图		程序	注释
程序设计	开始 → P0=0x55 → 结束	1	#include" reg51. h"	//头文件 reg51. h 包含
		2	void main( )	/＊主函数＊/
		3	{	//程序开始
		4	P0 = 0x55;	//交叉点亮 8 个 LED 灯
		5	}	//程序结束
程序说明	第1行:头文件包含语句。如果 P0 口的寄存器是 0x80,可以用 sfr P0 = 0x80 代替该头文件实现相应的功能。 第2行:主函数定义语句。 第3行:主函数开始。 第4行:给 P0 口赋 0x55 的值,二进制形式是(0101 0101)$_2$。交叉点亮 8 个 LED。 第5行:主函数结束。			

编程小技巧

C 语言中,字母是区别大小写的,P 和 p 不是同一变量,P0 口不能写成 p0 口,否则编译器会报"undefined identifier(变量未定义)"错误。

3. 软件仿真

微课视频

表 3.1.6　仿真任务单

任务名称	点亮 8 个发光二极管仿真		检索编号	XM3-01-03
专业班级		任务执行人	接单时间	
执行环境	☑ 计算机:CPU 频率≥1.0 GHz,内存≥1 GB,硬盘容量≥40 GB,操作平台 Windows ☑ Keil uVision4 软件　　　☑ Proteus 软件			
任务大项	序号	任务内容	技术指南	
仿真电路图绘制	1	运行 Proteus 软件,设置原理图大小为 A4	运行 Proteus 软件,菜单栏中找到 system 并打开,选择"Set sheet sizes",选择图纸 A4。设置完成后,将图纸按要求命名和存盘	

任务大项	序号	任务内容	技术指南
仿真电路图绘制	2	在元件列表中添加表3.1.4"元件清单"中所列元器件	元件添加时单击元件选择按钮"P（pick）"，在左上角的对话框"keyword"中输入需要的元件名称。各元件的 Category（类别）分别为单片机 AT89C52（Microprocessor AT89C52）、晶振（CRYSTAL）、电容（CAPACITOR）、电阻（Resistors）、发光二极管（LED-BLBY） 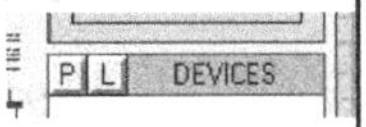 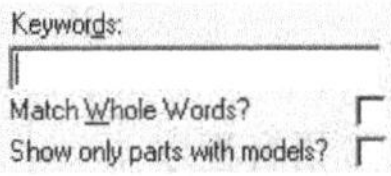
	3	将元件列表中元器件放置在图纸中	在元件列表区单击选中的元件，鼠标移到右侧编辑窗口中，鼠标变成铅笔形状，单击左键，框中出现元件原理图的轮廓图，可以移动。鼠标移到合适的位置后，按下鼠标左键，元件就放置在原理图中
	4	添加电源及地极	单击模型选择工具栏中的 图标，选择"POWER"（电源）和"GROUND"（地极）添加至绘图区 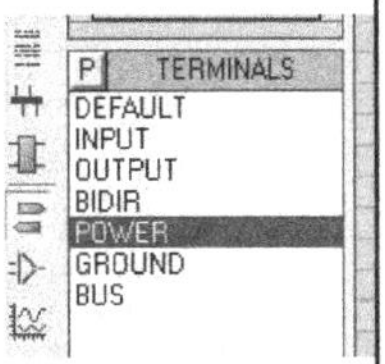
	5	按照表3.1.4"硬件电路"将各个元器件连线	鼠标指针靠近元件的一端，当鼠标的铅笔形状变为绿色时，表示可以连线了，单击该点，再将鼠标移至另一元件的一端单击，两点间的线路就画好了
	6	绘制总线	在绘图区域单击鼠标右键，选择"Place"，在下拉列表中选择"Bus"按键 ⊺Bus，或单击软件中 图标，可完成总线绘制
	7	放置网络端号	用总线连接的各个元件需要添加网络端号才能实现电气上的连接。具体方面：选择需要添加网络端号的引脚，单击鼠标右键，选择"Place Wire Label" Place Wire Label，在"String"对话框中输入网络端号名称，网络端号的命名要简单明了，如与 P1.0 口连接的 LED 可以命名为"P10" 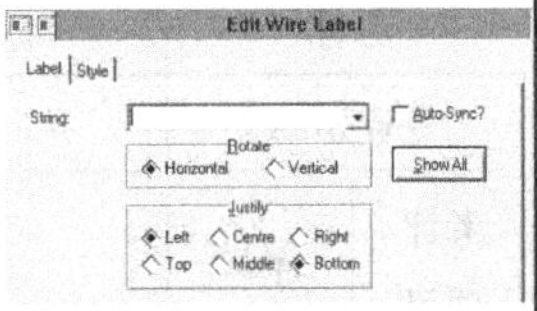
	8	按照表3.1.4"元件清单"中所列元器件参数编辑元件，设置各元件参数	双击元件，会弹出编辑元件的对话框。输入元器件参数。"component reference"输入编号。"Hidden"勾选就会隐藏前面选项 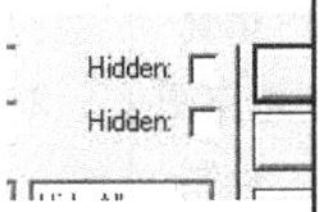

续表

任务大项	序号	任务内容	技术指南
C 语言程序编写	9	运行 Keil 软件,创建任务的工程模板	运行 Keil 软件,创建工程模板,将工程模板按要求命名并保存
	10	录入表 3.1.5 中的程序	程序录入时,输入法在英文状态下。表单中"注释"部分是为方便程序阅读,与程序执行无关,可以不用录入
	11	程序编译	程序编译前,在 Target"Output 页"勾选"Create HEX File"选项,表示编译后创建机器文件,然后编译程序
	12	程序调试	如果没有包含"reg51.h"头文件,程序会报:error C202:' P0': undefined identifier
	13	输出机器文件	机器文件后缀为.hex,为方便使用,要和程序源文件分开保存
仿真调试	14	程序载入	在 Proteus 软件中,双击单片机,单击,找到后缀名为.hex 的存盘程序,导入程序
	15	运行调试	单击运行按钮▶开始仿真。在仿真运行时,红色小块表示电路中输出的高电平,蓝色小块表示电路中输出的低电平,灰色小块表示电路高阻态

4. 考核评价

表 3.1.7　任务考评表

名称		点亮 8 个发光二极管任务考评表			检索编号		XM3-01-04
专业班级			学生姓名		总分		
考评项目	序号	考评内容	分值	考评标准		学生自评	教师评价
仿真电路图绘制	1	运行 Proteus 软件,按要求设置	5	软件不能正常打开扣 2 分,设置不正确每项扣 1 分			
	2	添加元器件	5	无法添加元件,或者元件添加错误,每处扣 1 分			
	3	修改元器件参数	5	元器件、文字符号错误或不符合行业规定,每处扣 1 分			

续表

考评项目	序号	考评内容	分值	考评标准	学生自评	教师评价
仿真电路图绘制	4	元器件连线	10	元器件连接错误,电源连接错误,网络端号编写错误,每处扣1分;连线凌乱,电路图不美观酌情扣1~3分		
C语言程序编写	5	运行Keil软件,创建任务的工程模板	5	软件设置不正确,每项扣1分;Keil工程创建错误,工程设置错误,每处扣1分		
	6	程序编写	10	程序编写错误,不能排除程序错误,每处错误扣1分		
	7	程序编译	10	程序无法编译,不能排除错误,每处错误扣1分		
仿真调试	8	程序载入	5	程序载入错误,仿真不能按要求进行,每处扣1分		
	9	运行调试	5	程序调试过程不符合操作规程,每处扣1分		
道德情操	10	热爱祖国、遵守法纪、遵守校纪校规	10	非法上网,非法传播不良信息和虚假信息,每次扣5分。出现违规行为,成绩不合格		
	11	讲文明、懂礼貌、乐于助人	10	不文明实训,同学之间不能相互配合,有矛盾和冲突,每次扣5分		
专业素养	12	实训室设备摆放合理、整齐	5	不按规定摆放实训物品和学习用具,每处扣1分。随意挪动设备,更改计算机设置,发现一次扣1分		
	13	保持实训室干净整洁,实训工位洁净	5	乱摆放工具、乱丢弃杂物、实训结束后不清理实训工位,每处扣1分		
	14	遵守安全操作规程,遵守纪律,爱惜实训设备	5	不正确使用计算机,出现违反操作规程的(如非法关机),每次扣3.5分。故意损坏设备,照价赔偿		
	15	操作认真,严谨仔细,有精益求精的工作理念	5	操作粗心,实训敷衍,每次扣3.5分		
日期				教师签字:		

闯关练习

表3.1.8 练习题

名称		闯关练习题		检索编号	XM3-01-05
专业班级			学生姓名		总分	
练习项目	序号	考评内容	学生答案	教师批阅

练习项目	序号	考评内容	学生答案	教师批阅
单选题 30 分	1	0xFD 的二进制为( )。 A. 1001 1111 B. 1111 1010 C. 1111 1101		
	2	下面命名方式符合 C 语言命名规则的是( )。 A. 10_ , dpj_10 , _10_dpj B. _10 , dpj_10 , _10_dpj C. _10 , dpj_10 , 10dpj		
	3	采用低电平点亮 LED 形式时,当 P0 = 0x5C 时符合下列 ( )组灯的点亮形式。 A. P0.0 B. P0.0 C. P0.0		
填空题 70 分	4	数制也称计数制,是用一组固定的符号和统一的规则来表示数值的方法。常用的数制有_____进制、_____进制、八进制和十六进制		
	5	将下面十进制数转换成二进制数: (1)123_____,(2)254_____, (3)165_____,(4)53_____		
	6	将下面二进制数转换成十进制数: (1)101 1110_____,(2)1011 1101_____, (3)1111 1101_____,(4)1101_____		
	7	在十六进制中,分别用_____、_____、_____、_____、_____、_____表示十进制中的 10、11、12、13、14、15		
	8	无符号字符型 C 语言的关键字是_____,它在存储器中占_____字节的,取值范围是_____		

续表

练习项目	序号	考评内容	学生答案	教师批阅
填空题 70 分	9	无符号整型在 C 语言中的关键字是_____,它在存储器中占_____字节的,取值范围是_____		
	10	sfr 用于访问单片机内部所有的_____位特殊功能寄存器。sfr16 用于访问单片机内部所有的_____位特殊功能寄存器。sbit 用于访问芯片内部的_____中的可寻址或特殊功能寄存器中的可寻址位		
日期		教师签字:		

任务 3.2　发光二极管流水控制

一、任务情境

流水灯是指由多个 LED 组成的,可以在程序控制下按照设定的顺序和时间来点亮和熄灭的,具有像流水一样视觉效果的 LED 整列。它通常用在店铺招牌、广告、大型建筑夜间装饰、景观装饰中。本任务是用单片机控制 8 个发光二极管,实现流水灯显示效果。

微课视频

二、任务分析

1.硬件电路分析

8 个发光二极管流水控制的硬件电路和前一个任务是相同的,这里不再赘述。

2.软件设计分析

流水灯的控制有很多种方法,最直接的一种就是向单片机 I/O 端口写入一个 8 位的二进制数来改变每个引脚上输出电平的状态。例如,用 P0 口控制 8 个 LED 流水,可以给 P0 口循环写二进制数:11111110、11111101、11111011、11101111、11011111、10111111、01111111。在这 8 种状态的循环转换下,依次点亮 P0.0、P0.1、…、P0.7 端口连接的发光二极管,就可以实现流水灯的效果。在进行 P0 写操作时,一般是将二进制转换成十六进制。发光二极管流水控制原理如图 3.2.1 所示。

图 3.2.1　发光二极管流水控制原理图

　　运用上述方法进行发光二极管的流水控制,在编程时比较烦琐。为了程序简洁,可以用左移(<<)运算符和右移(>>)运算符进行编程,也可以用"intrins. h"库函数中的"extern unsigned char _cror_　(unsigned char, unsigned char);(循环右移)"和"extern unsigned char _crol_ (unsigned char, unsigned char);(循环左移)"进行编程。

三、知识链接

微课视频

1. 运算符和表达式

　　运算符是完成某种特定运算的符号。在 C 语言中,运算符种类繁多,十分丰富,它们能处理除控制语句和输入/输出语句外几乎所有的操作。在单片机编程中,常用的运算符有赋值运算符、算术运算符、增量和减量运算符、关系运算符、逻辑运算符和位运算符,还会用到条件运算符、指针运算符、逗号运算符和强制运算符。具体见表 3.2.1。

表 3.2.1　C 语言的运算符

运算符名	运算符
赋值运算符	=
算术运算符	+　-　*　/　%　++　--
关系运算符	>　<　==　>=　<=　!　=
逻辑运算符	&&　||　!
位运算符	<<　>>　~　&　|　^
条件运算符	?　:
指针运算符	*　&
逗号运算符	,
强制类型转换运算符	(类型)
求字节数运算符	sizeof
下标运算符	[ ]
函数调用运算符	( )

　　C 语言中的表达式是由运算符及运算对象组成的具有特定含义的式子,在表达式的后面加";"就构成了表达式语句。

　　(1)赋值运算符

　　赋值符号"="是赋值运算符。它的语句格式为

　　变量 = 表达式;

赋值运算符的作用是将一个数据的值赋给一个变量。例如,"a=10"是将 10 这个值赋给变量 a。

> **知识小贴士**
>
> 　　不同类型的数据用赋值运算符进行赋值运算时,系统会自动将赋值号右边的类型转换成左边的类型。具体是字符型赋给整型时,字符的 ASCII 码值放在整型的低 8 位中,高 8 位是 0;整型赋给字符型时,只把整型的低 8 位赋给字符变量;实型赋给整型时,舍去小数部分;整型赋给实型时,值不变,增加数值是 0 的小数部分。

(2)算术运算符

算术运算符见表 3.2.2。

表 3.2.2　算术运算符

运算符	名称	功能	例程
+	加	求两个数的和	5+4=9
-	减	求两个数的差	9-2=7
*	乘	求两个数的积	12*5=60
/	除	求两个数的商	17/5=3
%	取余	求两个数的余数	17%5=2
++	增量	变量自动加 1	
--	减量	变量自动减 1	

在算术运算符中,乘法用"*"表示,不能用"×"。除运算用"/"表示,它在进行浮点除运算时,结果是浮点数,如 8.0/2=4.0。进行整数除运算时,结果是整数,如 10/3=3,它只求商。"%"表示取余运算(或模运算),这种运算要求参与运算的数都是整数,用它来求两数相除后的余数,如 10%3=1。

C 语言中,"++"表示增量运算符;"--"表示减量运算符。这个运算符是实现对运算对象的加 1 或者减 1 操作。

> **知识小贴士**
>
> 　　++i(或--i)和 i++(或 i--)不是同一个运算。
>
> 　　++i(或--i)是前置运算符,它的运算规则是先让变量 i 加 1(或减 1),再使用变化后的值进行运算。例如,a=5,b=++a,程序执行时,先让 a 自加 1,再将结果赋给 b,程序执行后的结果是 b=6,a=6。

i++（或 i--）是后置运算符,它的运算规则是先使用变量 i 的值,再使变量 i 加 1（或减 1）。例如,a=5,b=a++,程序执行时,先将 a 的值赋给 b,再让 a 自加 1,程序执行的结果是 b=5,a=6。

（3）关系运算符

关系运算符是比较两个数据量的运算符。C 语言中关系运算符分别是大于>、小于<、大于等于>=、小于等于<=、等于==和不等于!=。它的语句格式为

表达式 关系运算符 表达式

关系表达式的值只有"1"（真）和"0"（假）两种。当条件成立时,结果为"1";当条件不成立时,结果为"0"。例如,表达式"7<5"的结果为假,值为 0。

在关系运算符中,<、<=、>、>=的优先级是相同的,!=和==的优先级是相同的,前者的优先级高于后者。关系运算符优先级高于赋值运算符,低于算术运算符。

（4）逻辑运算符

C 语言的逻辑运算符有与&&、或||、非!。它的语句格式为

逻辑与:条件式 1 && 条件式 2

逻辑或:条件式 1 || 条件式 2

逻辑非：! 条件式

逻辑表达式的运算规则如下:

①逻辑与:当且仅当两个条件表达式的值都为"真"时,运算结果才是"真",否则为"假",即全"1"为"1",有"0"出"0"。

②逻辑或:当且仅当两个条件表达式的值都为"假"时,运算结果才是"假",否则为"真",即全"0"为"0",有"1"出"1"。

③逻辑非:条件表达式为"真",结果为"假";条件表达式为"假",结果为"真"。

这 3 种运算符的真值表见表 3.2.3。

表 3.2.3   逻辑运算真值表

条件式 1	条件式 2	逻辑运算		
a	b	a&&b	a || b	! a
0	0	0	0	1
0	1	0	1	1
1	0	0	1	0
1	1	1	1	0

（5）位运算符

C 语言的位运算符有按位与&、取反~、按位或|、左移<<、右移>>、按位异或∧ 6 种,它们的作用是按二进制位对变量进行运算。它的真值表见表 3.2.4。

表 3.2.4　位运算真值表

条件式 1	条件式 2	位运算			
a	b	~ a	a&b	a|b	a^b
0	0	1	0	0	0
0	1	1	0	1	1
1	0	0	0	1	1
1	1	0	1	1	0

经验小贴士

　　按位与 & 运算在编程时可以用来屏蔽一些无关位。例如,在独立按键操作中,假如有个按键 s1,s2 接在 P1.0 和 P1.1 端口上,在做键值判断时,不希望 P1 口其他位对键值产生影响,可以用下列程序:

　　key_value = P1&0x03;

　　这样,通过按位与运算,可以屏蔽 P1 口除 P1.0 和 P1.1 以外的其他位,从而保证程序执行的稳定性。

（6）逗号运算符

逗号运算符是 C 语言中一种特殊的运算符,它的功能是把两个或多个表达式连在一起形成一个逗号表达式。它的语句格式为

表达式 1,表达式 2,…,表达式 n

逗号表达式的求值过程是从左到右分别求每个表达式,并将最右边的表达式 n 的值作为逗号表达式最终的值,如下列程序:

value = (a = 12, a++, a+2);

程序执行过程是先将 12 赋给变量 a,再自加 1,再加 2,最后将运算结果 15 赋给变量 value。

在 C 语言中,并不是所有出现逗号的地方都用逗号运算,如下列程序:

unsignedchar　i,j;

这里出现的逗号是作为变量定义时的间隔符。

2. intrins. h 库介绍

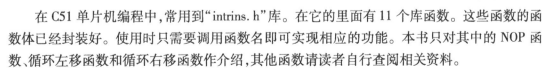

微课视频

在 C51 单片机编程中,常用到"intrins. h"库。在它的里面有 11 个库函数。这些函数的函数体已经封装好。使用时只需要调用函数名即可实现相应的功能。本书只对其中的 NOP 函数、循环左移函数和循环右移函数作介绍,其他函数请读者自行查阅相关资料。

（1）空操作 8051 NOP 指令

函数格式如下:

extern void　_nop_　（void）;

该函数的功能是产生一个 NOP 指令,用作 C 程序的时间比较。C51 编译器在_nop_函数工作期间不产生函数调用,在程序中直接执行 NOP 指令。_nop_函数在程序中通常作为延时函数使用,用于短时间的延时。

(2)字符循环左(右)移函数

函数格式如下:

extern unsigned char _crol_ (unsigned char, unsigned char);   //字符循环左移函数

extern unsigned char _cror_ (unsigned char, unsigned char);   //字符循环右移函数

这两个函数的功能是将 char 型变量循环向左(右)移动指定位数后返回。这两个函数中,形参1用来存放被移动的数据,形参2用来说明移动的次数。

知识小贴士

(1)左(右)移运算符和字符循环左(右)移函数的区别

左移运算符"<<"用来将变量1的二进制位值向左移动由变量2所指定的位数,高位移出的值舍弃,低位补0。例如,k=0xfe(二进制数11111110),进行左移运算 k<<1,就是将 k 的全部二进制位值一起向左移动1位,其左端移出的位值被丢弃,并在其右端补以相应位数的"0"。移位的结果是 k=0xfc(二进制数11111100)。循环左移函数是将形参1的二进制值向左移动形参2所指的位数,高位移出的值补在低位上。例如,k=0xfe,k=_crol_(k,1),程序执行后 k=0xfd(二进制数11111101)。

右移运算符">>"是用来将变量1的二进制位值向右移动由变量2指定的位数。进行右移运算时,如果变量1属于无符号类型数据,则总是在其左端补"0";如果变量1属于有符号类型数据,则在其左端补入原来数据的符号位(即保持原来的符号不变),其右端的移出位被丢弃。对 k=0xbf(即二进制数10111111),如果 k 是无符号数,则执行 k>>1 之后结果为 k=0x5f(即二进制数01011111);如果 k 是有符号数,则执行 k>>1 之后结果为 k=0xdf(即二进制数11011111)。循环右移函数是将形参1的二进制值向右移动形参2所指的位数,低位移出的值补在高位上。例如,无符号变量 k=0xbf,k=_cror_(k,1),程序执行后 k=0xdf(二进制数11011111)。

(2)左(右)移运算符和字符循环左(右)移函数的等价算法

在左(右)移运算表达式低(高)位加上移出去的值,就实现和字符循环左(右)移函数一样的功能。例如,

k=(k<<1)+0x01 和 k=_crol_(k,1)等价;

k=(k>>1)+0x80 和 k=_cror_(k,1)等价。

微课视频

四、任务实施

1. 程序编写

表 3.2.5　程序编写表

名称	发光二极管流水控制程序编写		检索编号	XM3-02-01

程序设计	流程图	程序		注释
	     开始 ↓ P1=0xfe ↓ P1口状态循环左移1位 ↓ 延时	1	#include" reg51. h"	//包含头文件 reg51. h
		2	#include" intrins. h"	//包含内部函数库
		3	void delay( )	/∗延时函数∗/
		4	{	
		5	unsigned int i;	//定义 for 循环变量
		6	for(i=0;i<1000;i++);	//做 1 000 次空循环,延时
		7	}	
		8	void main( )	/∗主函数∗/
		9	{	//程序开始
		10	P1 = 0xfe;	//P1 口输出 11111110B,点亮 P1.0 口的 LED
		11	for(;;)	//无限循环
		12	{	//循环语句开始
		13	P1 = _crol_(P1,1);	//调用循环左移函数,实现 P1 口二进制数的循环左移
		14	delay();	//延时
		15	}	//循环语句结束
		16	}	//程序结束

程序说明	第 2 行:因为程序中要使用循环左移函数_crol_( ),所以在程序开始要调用 C51 内部函数库"intrins. h"。 　　第 5 行:定义 for 循环变量时,要注意变量比较值范围,本程序中,空循环了 1 000 次,变量应当定义为无符号整型(unsigned int)。如果流水灯时间间隔太短,可以修改空循环次数,但最大值不能超过 65535。 　　第 10 行:给 P1 口赋 0xfe,让其输出二进制 11111110,先点亮 P1.0 口连接的 LED。初始时,如果希望 P1 口其他位的 LED 亮,可以给 P1 口赋不同的值。 　　第 13 行:本程序核心代码,主要实现 P1 口二进制数的循环左移,使用该函数时要注意该函数的两个形参,前一个是移动的数据,后一个是移动的次数。如何想实现不同的流水效果,可以通过修改移动次数的值来实现。

编程小技巧

LED 流水控制的程序编写方式比较多,除本例给出的程序外,可以通过让 P1 口循环输出 0xfe(1111110B)、0xfd(1111101B)、…、0x7f(0111111B)8 个十六进制来实现,也可以使用位运算中的左移运算符"<<",但使用左移运算符时要注意它和循环左移的等价算法。

2. 软件仿真

微课视频

表 3.2.6　仿真任务单

任务名称		发光二极管流水控制仿真		检索编号	XM3-02-02
专业班级			任务执行人	接单时间	
执行环境		☑ 计算机:CPU 频率≥1.0 GHz,内存≥1 GB,硬盘容量≥40 GB,操作平台 Windows ☑ Keil uVision4 软件　　　　　☑ Proteus 软件			
任务大项	序号	任务内容	技术指南		
仿真电路图绘制	1	运行 Proteus 软件,设置原理图大小为 A4	运行 Proteus 软件,菜单栏中找到 system 并打开,选择"Set sheet sizes",选择图纸 A4。设置完成后,将图纸按要求命名和存盘		
	2	在元件列表中添加表 3.1.4"元件清单"中所列元器件	元件添加时单击元件选择按钮"P(pick)",在左上角的对话框"keyword"中输入需要的元件名称。各元件的 Category(类别)分别为单片机 AT89C52(Microprocessor AT89C52)、晶振(CRYSTAL)、电容(CAPACITOR)、电阻(Resistors)、发光二极管(LED-BLBY)		
	3	将元件列表中元器件放置在图纸中	在元件列表区单击选中的元件,鼠标移到右侧编辑窗口中,鼠标变成铅笔形状,单击左键,框中出现元件原理图的轮廓图,可以移动。鼠标移到合适的位置后,按下鼠标左键,元件就放置在原理图中		
	4	添加电源及地极	单击模型选择工具栏中的 图标,选择"POWER(电源)"和"GROUND(地极)"添加至绘图区		

续表

任务大项	序号	任务内容	技术指南
仿真电路图绘制	5	按照表3.1.4"硬件电路"将各个元器件连线	鼠标指针靠近元件的一端,当鼠标的铅笔形状变为绿色时,表示可以连线了,单击该点,再将鼠标移至另一元件的一端单击,两点间的线路就画好了
	6	绘制总线	在绘图区域单击鼠标右键,选择"Place",在下拉列表中选择"Bus"按键 ╫ Bus,或单击软件中 ╫ 图标,可完成总线绘制
	7	放置网络端号	用总线连接的各个元件需要添加网络端号才能实现电气上的连接。具体方面:选择需要添加网络端号的引脚,单击鼠标右键,选择"Place Wire Label" ▣ Place Wire Label,在"String"对话框中输入网络端号名称,网络端号的命名要简单明了,如与P1.0口连接的LED可以命名为"P10"
	8	按照表3.1.4"元件清单"中所列元器件参数编辑元件,设置各元件参数	双击元件,会弹出编辑元件的对话框。输入元器件参数。"component reference"输入编号。"Hidden"勾选就会隐藏前面选项
C语言程序编写	9	运行Keil软件,创建任务的工程模板	运行Keil软件,创建工程模板,将工程模板按要求命名并保存
	10	录入表3.2.5中的程序	程序录入时,头文件引用语句要放在程序开始位置,程序中使用的循环左移库函数如果存在书写困难,可以打开"intrins.h"库进行复制
	11	程序编译	程序编译前,在Target"Output页"勾选"Create HEX File"选项,表示编译后创建机器文件,然后编译程序
	12	程序调试	如果没有包含"reg51.h"头文件,程序会报:error C202:′P0′: undefined identifier
	13	输出机器文件	机器文件后缀为.hex,为方便使用,要和程序源文件分开保存
仿真调试	14	程序载入	在Proteus软件中,双击单片机,单击 ▣,找到后缀名为.hex的存盘程序,导入程序
	15	运行调试	单击运行按钮 ▶ 开始仿真。在仿真运行时,红色小块表示电路中输出的高电平,蓝色小块表示电路中输出的低电平,灰色小块表示电路高阻态

3. 实物制作

表 3.2.7   实物制作工序单

任务名称		8 个 LED 控制实物制作工序单		检索编号	XM3-02-03
专业班级			小组编号	小组负责人	
小组成员				接单时间	
工具、材料、设备		计算机、恒温焊台、直流稳压可调电源、万用表、双踪示波器、元器件包、任务 PCB 板、电子焊接工具包、SPI 下载器			

工序名称	工序号	工序内容	操作规范及工艺要求	风险点
任务准备	1	技术交底会	掌握工作内容,落实工作制度和"四不伤害"安全制度	对工作制度和安全制度落实不到位
	2	材料领取	落实工器具和原材料出库登记制度	工器具领取混乱,工作场地混乱
元件检测	3	对照表 3.1.4 "元件参数",检测各个元器件	落实《电子工程防静电设计规范》(GB50611—2010)	(1)人体静电击穿损坏元器件 (2)漏检或错检元器件
焊接	4	单片机最小系统焊接	见表 1.1.2	见表 1.1.2
	5	发光二极管和限流电阻焊接	(1)操作时要戴防静电手套和防静电手腕,电烙铁要接地 (2)焊接温度 260 ℃,3 s 以内 (3)焊点离封装大于 2 mm	(1)发光二极管静电击穿 (2)发光二极管高温损坏 (3)发光二极管极性焊错
调试	6	无芯片短路测试	在没有接入单片机时,电源正负接线柱电阻接近无穷	(1)电源短路 (2)器件短路
	7	无芯片开路测试	LED 正向能导图,反向截止,相当于开路	焊接不到位引起的开路
	8	无芯片功能测试	(1)开、短路测试通过后接入电源 (2)电源电压调至 5 V,接入电路板电源接口 (3)测试端子 P1 接电源负极,观察 LED 是否发光	(1)电路板带故障开机 (2)电源接入前要填好电压,关机后再接入电路板,接线完成再开机。防止操作不符合规范,引起电路板烧坏

续表

工序名称	工序号	工序内容	操作规范及工艺要求	风险点
调试	9	程序烧写	分别烧入表3.1.5和表3.2.5中的程序	程序无法烧写
调试	10	带芯片测试	如果LED显示不正常,查看下面几点:①单片机工作电压是否正常;②复位电路是否正常;③晶振及两个电容的数值是否正确,万用表测量单片机晶振的两个管脚,大约2 V;④P0口各引脚电压或波形是否正常	(1)单片机不能正常工作(2)LED不能正常显示
任务结束	11	工作场所清理	符合企业生产"6S"原则,做到"工完、料尽、场地清"	
任务结束	12	材料归还	落实工器具和原材料入库登记制度,耗材使用记录和实训设备使用记录	工器具归还混乱,耗材及设备使用未登记
任务结束	13	任务总结会	总结工作中的问题和改进措施	总结会流于形式,工作总结不到位
时间			教师签名:	

4. 考核评价

表3.2.8　任务考评表

名称		发光二极管流水控制任务考评表			检索编号	XM3-02-04	
专业班级			学生姓名			总分	
考评项目	序号	考评内容	分值	考评标准		学生自评	教师评价
仿真电路图绘制	1	运行Proteus软件,按要求进行设置	5	软件不能正常打开扣2分,设置不正确每项扣1分			
仿真电路图绘制	2	添加元器件	5	无法添加元件,或者元件添加错误,每处扣1分			
仿真电路图绘制	3	修改元器件参数	5	元器件、文字符号错误或不符合行业规定,每处扣1分			

续表

考评项目	序号	考评内容	分值	考评标准	学生自评	教师评价
仿真电路图绘制	4	元器件连线	10	元器件连接错误,电源连接错误,网络端号编写错误,每处扣1分;连线凌乱,电路图不美观酌情扣1~3分		
C语言程序编写	5	运行Keil软件,创建任务的工程模板	5	软件设置不正确,每项扣1分;Keil工程创建错误,工程设置错误,每处扣1分		
	6	程序编写	10	程序编写错误,不能排除程序错误,每处错误扣1分		
	7	程序编译	10	程序无法编译,不能排除错误,每处错误扣1分		
仿真调试	8	程序载入	5	程序载入错误,仿真不能按要求进行,每处扣1分		
	9	运行调试	5	程序调试过程不符合操作规程,每处扣1分		
道德情操	10	热爱祖国、遵守法纪、遵守校纪校规	10	非法上网,非法传播不良信息和虚假信息,每次扣5分。出现违规行为,成绩不合格		
	11	讲文明、懂礼貌、乐于助人	10	不文明实训,同学之间不能相互配合,有矛盾和冲突,每次扣5分		
专业素养	12	实训室设备摆放合理、整齐	5	不按规定摆放实训物品和学习用具,每处扣1分。随意挪动设备,更改计算机设置,发现一次扣1分		
	13	保持实训室干净整洁,实训工位洁净	5	乱摆放工具、乱丢弃杂物、实训结束后不清理实训工位,每处扣1分		
	14	遵守安全操作规程,遵守纪律,爱惜实训设备	5	不正确使用计算机,出现违反操作规程的(如非法关机),每次扣3.5分。故意损坏设备,照价赔偿		
	15	操作认真,严谨仔细,有精益求精的工作理念	5	操作粗心,实训敷衍,每次扣3.5分		
日期				教师签字:		

闯关练习

表 3.2.9　练习题

名称		闯关练习题		检索编号	XM3-02-05
专业班级		学生姓名		总分	
练习项目	序号	考评内容		学生答案	教师批阅
单选题 30 分	1	下面不是算术运算符的是(　　)。 A.++ B.% C.×			
	2	a=12 时,b=a++,程序执行后的结果为(　　)。 A.a=12,b=12 B.a=13,b=12 C.a=12,b=13			
	3	k=0xae,执行 k>>2 后,k 的值为(　　)。 A.0xab B.0x2b C.0x2a			
填空题 40 分	4	a=13,b=5,a/b=_____;a%b=_____。			
	5	a=2,b=3,运行程序 value=(a+2,b--,a+b)后,value=_____。			
	6	k=0x9a, m=0x56,求下列表达式的值: (1)k&m=_____,(2)k∣m=_____, (3)～k=_____,(4)k^m=_____。			
	7	k=0xae,执行 k=_cror_(k,2)后,k=_____。			
判断题 30 分	8	逻辑与的运算规则是当且仅当两个条件表达式的值都为"真"时,运算结果才是"真",否则为"假",即全"1"为"1",有"0"出"0"。			
	9	右移运算符">>"是用来将变量1的二进制位值向右移动由变量2指定的位数,其右端的移出位被丢弃。			
	10	Proteus 软件中,连接两个引脚除用导线直接相连外,还可以使用网络端号。相同标号的网络端号在电气上是相连的。			
日期		教师签字:			

任务 3.3   心形 LED 灯设计

一、任务情境

每到国庆节,人们就会用不同的形式表达对祖国的热爱,有满街飘扬的五星红旗,有霓虹灯下"我爱你中国"的灯光秀。本任务是用单片机控制多个 LED,形成心形图案,来表达我们对祖国的热爱。要求心形图案大小合适,方便携带,显示效果多样。

二、任务分析

1.硬件电路分析

51 单片机控制多个 LED 的硬件连接形式与 LED 的数量有关,对 32 个以内的 LED,一般采用直接与 51 单片机的 I/O 连接的形式。但对超过 32 个数量的 LED,就需要采用单片机 I/O 口扩展的形式进行连接。

单片机控制 LED 常见的硬件扩展方式有使用译码器扩展和锁存器扩展。在译码器扩展中,74HC138 芯片是一种十分常见的单片机 I/O 口扩展芯片,它可以将 3 个输入引脚的状态译码成 8 个输出引脚,从而控制 8 个 LED。如果采用芯片级联就可以控制多个 LED。在锁存器扩展中,74HC573 芯片使用十分广泛,该芯片是一个 8 路输出锁存器,输出为三态门,特别适合驱动 LED 这样的电流型元件。

除用上述两种方式外,还可以用位移缓存器 74HC595 实现单片机 I/O 口的扩展,该芯片是一个 8 位串行输入、并行输出的位移缓存器。在 LED 控制中经常作为端口扩展和驱动芯片使用。

本任务中,为了降低硬件成本和编程难度,选择用 32 个 LED 组成心形图案,单片机与 LED 的连接方式采用直接连接,不使用外围芯片对 I/O 口进行扩展。单片机的 4 个端口与 LED 的连接采用共阳接法。

2.软件设计分析

在不进行硬件电路扩展情况下,组成心形的 LED 与单片机的 4 个端口直接相连,它们的控制形式与 8 位流水灯的控制相似,通过流水灯控制程序即可实现 LED 的心形图案闪烁控制。需要注意的是,在编写程序时,要根据硬件的接线,选择正确的端口时序,这样显示效果才和预期的一样。

三、知识链接

1. while 语句

while 语句和 for 语句一样,是一个循环结构语句。它的基本句式如下:

while(条件表达式)

微课视频

　　　|

　　　循环体语句;

　　　|

　　while 语句的执行的条件是当循环条件表达式为真时,执行循环体语句。循环条件表达式是 C 语言中任意合法的表达式,由它来控制循环体是否执行;循环体语句可以是一条简单的可执行语句,也可以是多个语句。当循环体语句是多个语句时,要用大括号括起来,作为一个整体来执行。

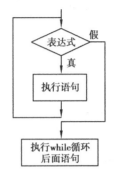

　　while 语句的执行过程如下:

　　①计算 while 后圆括号中条件表达式的值。当值为非零时,执行步骤②;当值为零时,执行步骤④。

　　②执行循环体语句。

　　③转去执行步骤①。

　　④退出 while 循环,它的执行流程图如图 3.3.1 所示。

图 3.3.1　while 循环执行流程图

经验小贴士

　　while 语句是一个先判断后执行的语句,当条件成立时才执行后面的程序,如果循环条件是"1"时,while 语句恒成立,它和语句"for(; ;)"等价,是一个无限循环语句。

　　while 语句还有一个相似语句是 do…while 语句。该语句是先运行循环体语句,再执行判断。语句的基本格式如下:

　　do{

　　　　循环体语句

　　} while(条件表达式)

　　该语句常用于一些带按键输入的数码管驱动程序中,用来解决按键操作引起的数码管显示不正常问题。具体程序段在后续项目中作介绍。

2. 单片机 I/O 扩展和驱动

微课视频

　　C51 单片机的 I/O 端口数量只有 32 个,并且驱动能力十分有限。控制多个 LED 时,存在 I/O 口数量不足和驱动能力不足的问题。为了解决这些问题,需要对单片机的 I/O 口进行扩展。单片机 I/O 扩展的方式有很多种,不同的应用场景下采用不同的 I/O 口扩展形式。常用的扩展形式有以下两种:

　　(1)译码器扩展电路

　　译码器是一种组合逻辑网络,在它的输入端输入组合代码会在输出端产生特定的信号。一般分为变量译码器、显示译码器和码值变化译码器。作为单片机硬件扩展通常使用变量译码器,这种译码器输入 n 种组合代码就输出 2^n 种输出状态,并且输入的 n 种组合和输出的 2^n 种状态是一一对应的关系。如此用单片机 3 个 I/O 口可以组合 2^3 个输出状态,这样就可以用 3 个 I/O 口控制 8 个引脚。

　　在译码器电路模块中,74HC138 使用十分广泛,用它可以实现单片机 I/O 口的扩展。它的引脚图如图 3.3.2 所示,功能见表 3.3.1。

表 3.3.1　74HC138 引脚功能表

编号	符号	引脚功能
1—3	A0—A2	输入引脚,接收外部输入逻辑
4—6	E1—E3	控制引脚,芯片工作的使能控制
7、9—15	Y0—Y7	输出引脚,输出译码后的逻辑
8	GND	电源负极
16	Vcc	电源正极

图 3.3.2　74HC138 引脚图

通过上述引脚功能表可知,74HC138 的第 4、5、6 引脚是 3 个使能输入引脚,其中第 4 引脚(E1)和第 5 引脚(E2)低电平有效,第 6 引脚(E3)高电平有效,通过它们的使能,芯片才能够正常工作。表 3.3.2 为 74HC138 的真值表。

表 3.3.2　74HC138 真值表

E3	E2	E1	A2	A1	A0	Y0	Y1	Y2	Y3	Y4	Y5	Y6	Y7
X	H	X	X	X	X	H	H	H	H	H	H	H	H
X	X	H	X	X	X	H	H	H	H	H	H	H	H
L	X	X	X	X	X	H	H	H	H	H	H	H	H
H	L	L	L	L	L	L	H	H	H	H	H	H	H
H	L	L	L	L	H	H	L	H	H	H	H	H	H
H	L	L	L	H	L	H	H	L	H	H	H	H	H
H	L	L	L	H	H	H	H	H	L	H	H	H	H
H	L	L	H	L	L	H	H	H	H	L	H	H	H
H	L	L	H	L	H	H	H	H	H	H	L	H	H
H	L	L	H	H	L	H	H	H	H	H	H	L	H
H	L	L	H	H	H	H	H	H	H	H	H	H	L

如图 3.3.3 所示为用 74HC138 控制 8 个 LED 实现流水的应用电路。从电路可知,相比于上个任务控制 8 个 LED 需要 8 个单片机的 I/O 口,使用 74HC138 扩展后,单片机 I/O 口的数量明显变少。

（2）锁存器扩展电路

锁存器是一种对脉冲电平敏感的存储单元电路。它可以在特定输入脉冲电平作用下改变状态。使用锁存器可以把信号以某种电平状态暂存。在 51 单片机应用中,可以用锁存器来扩展多位输出。以 74HC573 为例介绍使用锁存器实现单片机输出口扩展。

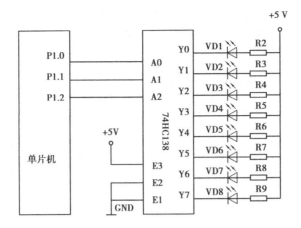

图 3.3.3　74HC138 应用电路

74HC573 是一个 8 位 3 态输出的 D 型锁存器。当它的锁存控制端 LE 为高电平时,锁存器的输入和输出同步;当锁存控制端 LE 变低电平时,输入锁存器的数据会被锁存。它的引脚图如图 3.3.4 所示,功能见表 3.3.3。

表 3.3.3　74HC573 引脚功能表

编号	符号	引脚功能
1	OE	输出使能端
2—9	D0—D7	数据输入端
11	LE	锁存控制端
12—19	Q7—Q0	数据输出端
10	GND	电源负极
20	Vcc	电源正极

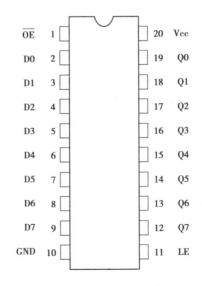

图 3.3.4　74HC573 引脚图

表 3.3.4 为 74HC573 真值表,由真值表可知,在 OE 为高电平时,输出始终为高阻态,此时芯片处于高组态,在一般应用中,必须将 OE 接低电平。当 LE 为低电平时,输出端 Q 始终保持上一次存储的信号;当 LE 为高电平时,Q 紧随输入状态变化,并将输入状态锁存。使用 74HC573 对单片机输出口扩展的应用电路如图 3.3.5 所示。

表 3.3.4　74HC573 真值表

OE	LE	D	Q
H	X	X	Z
L	L	X	Qn
L	H	L	L
L	H	H	H

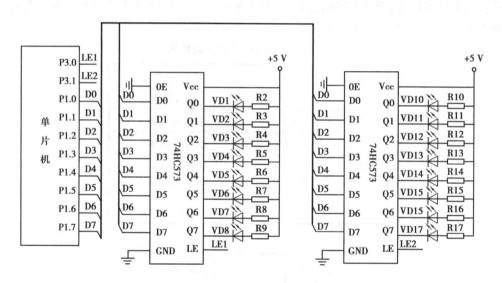

图 3.3.5　74HC573 应用电路

由图 3.3.5 的应用电路可知,使用锁存器后,可以让 P1 口连接 LED 的数量成倍增加,同时增强了端口的驱动能力。单片机的 P3.0 和 P3.1 与两片 74HC573 的锁存控制端 LE 连接,来实现数据的锁存控制。在程序编写时,通过控制 LE 的时序,就可以实现单片机输出口的扩展。

微课视频

四、任务实施

1.电路搭建

表 3.3.5 硬件电路图

名称	心形 LED 的设计电路图		检索编号	XM3-03-01	
硬件电路
	编号	名称	参数	数量	编号	名称	参数	数量
元件清单	U1	单片机 AT89C51	DIP40	1	S1	微动开关	6 * 6 * 4.5	1
	R33	电阻	10 kΩ,1/4 W,1%	1	R1—R32	电阻	470 Ω,1/4W,1%	32
	VD1—VD32	发光二极管	5 mm 红色	32	C2、C3	瓷片电容	22 pF	2
	C1	电解电容	22 μF/25 V	1	Y1	晶体振荡器	12 MHz 49 s	1

微课视频

2. 程序编写

表 3.3.6　程序编写表

名称	心形 LED 设计程序编写		检索编号	XM3-03-02

	流程图		程序	注释
程序设计	开始 ↓ 是否循环10次 —Y ↓N 所有端口赋0xff ↓ 延时 ↓ 所有端口赋0x00 ↓ 延时 ↓ 结束 闪烁程序流程图	1	#include" reg51. h"	//包含头文件 reg51. h
		2	#include" intrins. h"	//包含内部函数库
		3	void Twinkle( )	/＊闪烁函数＊/
		4	{	
		5	unsigned char i;	//定义循环变量 i
		6	for(i=0;i<10;i++) ;	//闪烁 10 次
		7	{ P0 = 0x00;	//P0 口 LED 发光
		8	......	//P1、P2、P3 口程序同上
		9	delay(1000) ;	//延时
		10	P0 = 0xff;	//P0 口 LED 熄灭
		11	......	//P1、P2、P3 口程序同上
		12	delay(1000) ;	//延时
		13	}	
		14	}	
	开始 ↓ temp=0x7f ↓ 是否循环8次 —Y ↓N P2=temp ↓ P2口右移1位 ↓ 延时 ↓ temp=0x7f ↓ P0、P1种P3口重复上述流程 ↓ 结束 逆时针旋转程序流程图	15	void CCW( )	/＊逆序旋转函数＊/
		16	{	
		17	unsigned char i,temp;	//定义循环变量 i 和中间变量 temp
		18	temp = 0xfe ;	//给 temp 赋初值点亮第 1 个 LED
		19	for(i=0;i<8;i++)	//for 循环控制与 P0 口连接的 8 个 LED 依次被点亮
		20	{	
		21	P0 = temp;	//点亮 P0.0 连接 LED
		22	temp = _crol_(temp,1) ;	//左移函数控制 LED 逆时针流水
		23	delay(1000) ;	软件延时
		24	}	
		25	P0 = 0xff;	//关闭 P0 口的 LED
		26	......	//P1、P2、P3 口程序同上
		27	}	

续表

名称	心形 LED 设计程序编写	检索编号	XM3-03-02

	流程图	程序		注释
程序设计		28	void CW( )	/＊顺序旋转函数＊/
		29	｛	
		30	unsigned char i,temp;	//定义循环变量 i 和中间变量 temp
		31	temp＝0x7f　;	//给 temp 赋初值点亮第 8 个 LED
		32	for(i＝0;i<8;i++)	//for 循环控制与 P0 口连接的 8 个 LED 依次被点亮
	开始	33	｛	
	↓	34	P2＝temp;	//点亮 P2.7 连接 LED
	端口初始化	35	temp＝temp>>1;	//右移运算控制 LED 顺时针流水
	↓	36	delay(1000);	软件延时
	调用闪烁函数 Twinkle( )	37	｝	
	↓	38	……	//P0、P1、P3 口程序同上
	调用逆时针旋转函数CCW( )	39	｝	
	↓	40	void main( )	/＊主函数＊/
	调用顺时针旋转函数CW( )	41	｛	//程序开始
		42	P0＝0xff;	//端口初始化
	主程序流程图	43	……	//P1、P2、P3 口程序同上
		44	while(1)	//无限循环
		45	｛	
		46	Twinkle( );	//调用闪烁程序
		47	CCW( );	//调用逆序旋转程序
		48	CW( );	//调用顺序旋转程序
		49	｝	
		50	｝	//程序结束

程序说明	第 7 行:闪烁程序的编程方法是先点亮所有 LED,延时再全部熄灭,如此循环。 第 8 行:本程序中,单片机的 4 个端口连接的 LED 是相同的,控制程序是相似的,只给出了一个端口的操作程序,其他 3 个端口用省略号代替,不再赘述。第 11、26、38、43 行也如此。 第 9 行:本程序调用的延时函数同上个任务,函数体请查看表 3.2.5 的第 3—7 行,本程序不再赘述。 第 22 行:通过循环左移函数实现 LED 的逆序流水效果。

续表

名称	心形 LED 设计程序编写	检索编号	XM3-03-02

<table>
<tr><td rowspan="1">程序说明</td><td colspan="3">

第 25 行:执行完 8 次循环左移后,P0 口的值为 0x7f,在执行写各端口的循环时,要将 P0 口置为 0xff。否则在其他端口 LED 流水时,P0.7 口的 LED 发光。

第 35 行:右移运算符实现 LED 顺序流水效果,不同于 CCW( )函数,该函数执行时 LED 依次被点亮,最终形成一个全亮的心形图案。

第 42 行:初始化程序,上电后,所有的 LED 熄灭。在系统设计时,为了让单片机上电后各个端口有一个稳定的状态,需要写入初始化程序。

本任务给出控制子程序有闪烁程序 Twinkle( )、逆序旋转程序 CCW( )和顺序旋转程序 CW( )。为了丰富显示效果,读者可以在此基础上进行组合修改。

</td></tr>
</table>

3. 软件仿真

微课视频

表 3.3.7　仿真任务单

任务名称	心形 LED 设计仿真		检索编号	XM3-03-03
专业班级		任务执行人	接单时间	
执行环境	☑ 计算机:CPU 频率≥1.0 GHz,内存≥1 GB,硬盘容量≥40 G,操作平台 Windows ☑ Keil uVision4 软件　　　☑ Proteus 软件			

任务大项	序号	任务内容	技术指南
仿真电路图绘制	1	运行 Proteus 软件,设置原理图大小为 A4	运行 Proteus 软件,菜单栏中找到 system 并打开,选择"Set sheet si-zes",选择图纸 A4。设置完成后,将图纸按要求命名和存盘
	2	在元件列表中添加表 3.3.5"元件清单"中所列元器件	元件添加时单击元件选择按钮"P(pick)",在左上角的对话框"keyword"中输入需要的元件名称。各元件的 Category(类别)分别为单片机 AT89C52(Micro-processor AT89C52)、晶振(CRYSTAL)、电容(CAPACITOR)、电阻(Resistors)、发光二极管(LED-BLBY)
	3	将元件列表中元器件放置在图纸中	在元件列表区单击选中的元件,鼠标移到右侧编辑窗口中,鼠标变成铅笔形状,单击左键,框中出现元件原理图的轮廓图,可以移动。鼠标移到合适的位置后,按下鼠标左键,元件就放置在原理图中

续表

任务大项	序号	任务内容	技术指南
仿真电路图绘制	4	心形图案绘制	将所有的 LED 按心形图案放置。在 LED 放置时,可以使用"镜像"和"块编辑"。具体操作是选择 LED,单击鼠标右键,选择"X-Mirror(水平镜像)""Y-Mirror(垂直镜像)""Block Copy(块复制)""Block Move(块移动)""Block Rotate(块旋转)""Block Delete(块删除)"
	5	添加电源及地极	单击模型选择工具栏中的 图标,选择"POWER(电源)"和"GROUND(地极)"添加至绘图区
	6	按照表单 3.3.5"硬件电路"将各个元器件连线	鼠标指针靠近元件的一端,当鼠标的铅笔形状变为绿色时,表示可以连线了,单击该点,再将鼠标移至另一元件的一端单击,两点间的线路就画好了
	7	放置网络端号	用总线连接的各个元件需要添加网络端号才能实现电气上的连接。具体方面:选择需要添加网络端号的引脚,单击鼠标右键,选择"Place Wire Label"，在"String"对话框中输入网络端号名称,网络端号的命名要简单明了,如与 P1.0 口连接的 LED 可以命名成"P10"
	8	按照表单 3.3.5"元件清单"中所列元器件参数编辑元件,设置各元件参数	双击元件,会弹出编辑元件的对话框。输入元器件参数。"component reference"输入编号。"Hidden"勾选就会隐藏前面选项

续表

任务大项	序号	任务内容	技术指南
C 语言程序编写	9	运行 Keil 软件,创建任务的工程模板	运行 Keil 软件,创建工程模板,将工程模板按要求命名并保存
	10	录入表 3.3.6 中的程序	程序录入时,输入法在英文状态下。表单中"注释"部分是为方便程序阅读,与程序执行无关,可以不用录入
	11	程序编译	程序编译前,在 Target"Output 页"勾选"Create HEX File"选项,表示编译后创建机器文件,然后编译程序
	12	程序调试	如果没有包含"reg51. h"头文件,程序会报:error C202:´P0´: undefined identifier
	13	输出机器文件	机器文件后缀为.hex,为方便使用,要和程序源文件分开保存
仿真调试	14	程序载入	在 Proteus 软件中,双击单片机,单击 ▣ ,找到后缀名为.hex 的存盘程序,导入程序
	15	运行调试	单击运行按钮 ▶ 开始仿真。在仿真运行时,红色小块表示电路中输出的高电平,蓝色小块表示电路中输出的低电平,灰色小块表示电路高阻态

4. 实物制作

微课视频

表 3.3.8　实物制作工序单

任务名称		心形 LED 实物制作工序单		检索编号		XM3-03-04
专业班级			小组编号		小组负责人	
小组成员					接单时间	
工具、材料、设备		计算机、恒温焊台、直流稳压可调电源、万用表、双踪示波器、元器件包、任务 PCB 板、电子焊接工具包、SPI 下载器				
工序名称	工序号	工序内容	操作规范及工艺要求		风险点	
任务准备	1	技术交底会	掌握工作内容,落实工作制度和"四不伤害"安全制度		对工作制度和安全制度落实不到位	
	2	材料领取	落实工器具和原材料出库登记制度		工器具领取混乱,工作场地混乱	

续表

工序名称	工序号	工序内容	操作规范及工艺要求	风险点
元件检测	3	对照表 3.3.5"元件参数",检测各个元器件	落实《电子工程防静电设计规范》(GB 50611—2010)	(1)人体静电击穿损坏元器件 (2)漏检或错检元器件
焊接	4	单片机最小系统焊接	见表 1.1.2	见表 1.1.2
	5	发光二极管和限流电阻焊接	(1)操作时要戴防静电手套和防静电手腕,电烙铁要接地 (2)焊接温度 260 ℃,3 s 以内 (3)焊点离封装大于 2 mm	(1)发光二极管静电击穿 (2)发光二极管高温损坏 (3)发光二极管极性焊错
调试	6	无芯片短路测试	在没有接入单片机时,电源正负接线柱电阻接近无穷	(1)电源短路 (2)器件短路
	7	无芯片开路测试	LED 正向能导图,反向截止,相当于开路	焊接不到位引起的开路
	8	无芯片功能测试	(1)开、短路测试通过后接入电源 (2)电源电压调至 5 V,接入电路板电源接口 (3)测试端子 P1 接电源负极,观察 LED 是否发光	(1)电路板带故障开机 (2)电源接入前要填好电压,关机后再接入电路板,接线完成再开机。防止操作不符合规范,引起电路板烧坏
	9	程序烧写	烧入表 3.3.6 中的程序	程序无法烧写
	10	带芯片测试	如果 LED 显示不正常,查看下面几点:①单片机工作电压是否正常;②复位电路是否正常;③晶振及两个电容的数值是否正确,万用表测量单片机晶振的两个管脚,大约 2 V;④各端口电压或波形是否正常	(1)单片机不能正常工作 (2)LED 不能正常显示
任务结束	11	工作场所清理	符合企业生产"6S"原则,做到"工完、料尽、场地清"	
	12	材料归还	落实工器具和原材料入库登记制度,耗材使用记录和实训设备使用记录	工器具归还混乱,耗材及设备使用未登记
	13	任务总结会	总结工作中的问题和改进措施	总结会流于形式,工作总结不到位
时间			教师签名:	

5. 考核评价

表 3.3.9　任务考评表

名称		点亮 8 个发光二极管任务考评表			检索编号		XM3-03-05
专业班级			学生姓名		总分		
考评项目	序号	考评内容	分值	考评标准		学生自评	教师评价
仿真电路图绘制	1	运行 Proteus 软件,按要求设置	5	软件不能正常打开扣 2 分,设置不正确每项扣 1 分			
	2	添加元器件	5	无法添加元件,或者元件添加错误,每处扣 1 分			
	3	修改元器件参数	5	元器件、文字符号错误或不符合行业规定,每处扣 1 分			
	4	元器件连线	10	元器件连接错误,电源连接错误,网络端号编写错误,每处扣 1 分;连线凌乱,电路图不美观酌情扣 1~3 分			
C 语言程序编写	5	运行 Keil 软件,创建任务的工程模板	5	软件设置不正确,每项扣 1 分;Keil 工程创建错误,工程设置错误,每处扣 1 分			
	6	程序编写	10	程序编写错误,不能排除程序错误,每处错误扣 1 分			
	7	程序编译	10	程序无法编译,不能排除错误,每处错误扣 1 分			
仿真调试	8	程序载入	5	程序载入错误,仿真不能按要求进行,每处扣 1 分			
	9	运行调试	5	程序调试过程不符合操作规程,每处扣 1 分			
道德情操	10	热爱祖国、遵守法纪、遵守校纪校规	10	非法上网,非法传播不良信息和虚假信息,每次扣 5 分。出现违规行为,成绩不合格			
	11	讲文明、懂礼貌、乐于助人	10	不文明实训,同学之间不能相互配合,有矛盾和冲突,每次扣 5 分			

考评项目	序号	考评内容	分值	考评标准	学生自评	教师评价
专业素养	12	实训室设备摆放合理、整齐	5	不按规定摆放实训物品和学习用具,每处扣 1 分。随意挪动设备,更改计算机设置,发现一次扣 1 分		
	13	保持实训室干净整洁,实训工位洁净	5	乱摆放工具、乱丢弃杂物、实训结束后不清理实训工位,每处扣 1 分		
	14	遵守安全操作规程,遵守纪律,爱惜实训设备。	5	不正确使用计算机,出现违反操作规程的(如非法关机),每次扣 3.5 分。故意损坏设备,照价赔偿		
	15	操作认真,严谨仔细,有精益求精的工作理念	5	操作粗心,实训敷衍,每次扣 3.5 分		
日期				教师签字:		

闯关练习

表 3.3.10　练习题

名称		闯关练习题			检索编号	XM3-03-06
专业班级			学生姓名		总分	
练习项目	序号	考评内容			学生答案	教师批阅
单选题 30 分	1	a=2,i=5;执行语句 while(i--){ a++;}后,变量 a 的值是 (　　)。 A. a=6 B. a=7 C. a=8				
	2	操作 74HC138 芯片时,E1=0,E2=0,E3=1;A0=0,A1=0, A2=1,则输出引脚中,(　　)引脚为低电平。 A. Y2 B. Y4 C. Y5				

续表

练习项目	序号	考评内容	学生答案	教师批阅

单选题
30分
	3	执行下列程序段后,P0口的值为( )。
		temp=0xfe;
		for(i=0;i<8;i++)
		{ P0=temp;
		temp=_crol_(temp,1);
		}
		A. 0xfe
		B. 0xff
		C. 0x7f		

填空题 40分	4	单片机控制LED常见的硬件扩展方式有使用_____扩展和_____扩展。		
	5	74HC138芯片是一种十分常见的单片机I/O口扩展芯片,它可以将_____个输入引脚的状态译码成_____个输出引脚。		
	6	while语句的执行的条件是当循环条件表达式为_____,执行循环体语句。		
	7	用51单片机控制LED,在不做端口扩展的情况下,最多可以连接_____个LED。		
判断题 30分	8	74HC595是一个8位串行输入、并行输出的位移缓存器。		
	9	74HC573是一个8路输出锁存器,输出为三态门,特别适合驱动LED这样的电流型元件。		
	10	在系统设计时,为了让单片机上电后各个端口有一个稳定的状态,需要写入初始化程序。		
日期		教师签字:		

项目4

按键输入控制

按键输入是单片机输入系统的重要组成部分。常用的按键输入有独立按键和矩阵按键。本项目重点介绍这两种输入方式在单片机控制系统中的应用,通过项目学习,掌握独立按键、矩阵键盘和蜂鸣器的结构和工作原理,学会按键输入的编程方法。掌握 if 语句、switch 语句、break 语句和 continue 语句在编程中的使用。通过密码锁的学习了解中国锁文化,体会中国传统文化中的工匠精神。

【知识目标】

微课视频

　1.了解蜂鸣器结构和工作原理。

　2.知道矩阵键盘的工作原理。

　3.掌握 if 语句的使用。

　4.掌握 switch 语句的使用。

　5.掌握 break 和 continue 语句的使用。

【技能目标】

　1.能够完成独立按键的键值采集。

　2.能够完成矩阵键盘的键值采集。

　3.掌握按键输入控制在单片机系统中的运用。

　4.能够完成键盘输入控制的程序编写、调试和仿真。

【情感目标】

　1.在实训中落实企业生产"6S"标准。

　2.学习中国锁文化,体会中国传统文化中的工匠精神。

【学习导航】

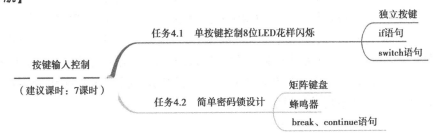

任务 4.1　单按键控制 8 位 LED 花样闪烁

一、任务情境

在任务 3.1 点亮 8 个发光二极管的任务情境中介绍过,LED 用在广告字牌中能起到很好的宣传效果。但任务中给出的显示效果是随机、不受控制的。本任务在任务点亮 8 个发光二极管的基础上,设计一个带有按键的 LED 广告字牌,显示效果可以通过按键进行控制。控制要求如下:

①系统上电,没有按键按下时,LED 全亮。
②当按键按 1 次时,LED 顺序流水。
③当按键连续按 2 次时,LED 逆序流水。
④当按键连续按 3 次时,LED 交叉点亮。
⑤当按键连续按 4 次时,LED 闪烁。

二、任务分析

微课视频

1. 硬件电路分析

根据任务要求,使用独立按键控制 LED 花样闪烁。LED 闪烁硬件电路和软件控制在项目 3 中已作介绍,这里不再赘述。

如图 4.1.1 所示为按键输入的原理图。由原理图可知,按键 S1 连接电源地和单片机 I/O 口,当 S1 按下时,P1.0 和电源地接通,P1.0 电位被拉低;当 S1 松开时,P1.0 引脚被上拉电阻 R1 拉成高电平。通过读 P1.0 引脚的电位状态就可以判断按键是否被按下。

2. 软件设计分析

由硬件电路分析可知,通过读单片机端口的电平状态就可以判断与之相连的按键是否按下,从而可以知道按键的输入状态。需要说明的是,对机械式按键,由于按键有机械触点,当它断开或者闭合时,都会存在一定的机械抖动,因此在按键判断时要进行消抖。常用的消抖方法有硬件消抖和软件消抖两种。

在硬件消抖中,通常采用 RS 触发器来消除按键的机械抖动,该方法执行速度快,系统的实效性高,在一些对响应速度有要求的系统中使用,但它的缺点是增加了硬件成本。

软件消抖的方法:当单片机第一次检测到有按键按下时,先不作判断,而是延时 15 ms 左右,躲过键盘的抖动时间,再去检测有没有按键按下,以确认按键的按下是否是抖动引起的,流程图如图 4.1.2 所示。该方法引入延时函数,导致按键输入响应速度减小。该方法硬件电路简单,在一些简单的控制系统中通常使用此方法进行按键消抖。本书使用的按键消抖都采用软件消抖的方法,后续不再单独说明。

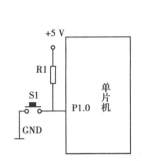

图 4.1.1　按键输入原理图

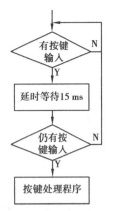

图 4.1.2　软件消抖流程图

知识小贴士

　　上拉电阻的作用除使单片机的 I/O 口有个固定的输出状态外,在单按键触发电路中,为了使单按键维持在不被触发的状态或是触发后回到原状态,必须在按键触发电路中接入上拉电阻。虽然 51 单片机的 4 个端口除 P0 口外,内部都有上拉电阻,但为了系统的稳定,在按键输入电路中引入上拉电阻还是很有必要的。

　　上拉电阻的阻值一般为 1~10 kΩ。阻值越大,流过的电流越小,功耗越小;阻值越小,驱动电流越大,功耗越高。上拉电阻的选用要根据实际电路,确保驱动能力和功耗之间平衡。在按键输入电路中,上拉电阻的阻值选在 4.7~10 kΩ 都是可以的。此外,在一些通信总线和高频电路中,上拉电阻的值不宜过大,否则会引起脉冲信号边沿平缓和传输延迟。

三、知识链接

微课视频

1. 独立按键

　　独立按键按照结构可分为触点式开关按键和无触点式开关按键(图 4.1.3)。前者价格便宜,操作手感好(如机械式开关、导电橡胶式开关)。后者使用寿命长,可靠性和安全性高(如电气式按键、磁感式按键和电容式按键等)。

图 4.1.3　独立按键实物图

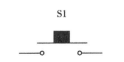

图 4.1.4　独立按键电路符号

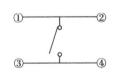

图 4.1.5　独立按键电路简图

独立按键的电路符号如图 4.1.4 所示,按键两端是对应的接入点。如图 4.1.5 所示为机械式独立按键的电路简图,由图中可知,该按键有 4 个引脚,其中两两一组。①和②引脚、③和④引脚连在一起,当按下按键后,①、②引脚和③、④引脚就连在一起。在电路连接时,可以只连接一对引脚即可。

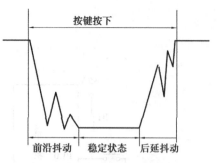

图 4.1.6   按键输入抖动波形图

对机械式独立按键,它在按下时单片机引脚的输入波形如图 4.1.6 所示,按键机械抖动的时间为 4 ~ 11 ms,而单片机执行指令的时间是微秒级的。这样当按一次按键时,由于机械抖动,单片机可能会检测到有多次输入状态改变,因此需要进行消抖处理。

2. if 语句

if 语句是一个双分支结构的选择语句。它的语句结构常有以下 3 种句式:

①if(表达式)
{

    语句体;

}

该语句的含义是如果表达式的值为真(非零),则执行其后的语句,否则不执行该语句。其流程图如图 4.1.7 所示。

例如,if(S1 = =0)
{

   keyvalu++;

}

图 4.1.7   第一种 if
语句流程图

其含义是如果 S1 等于 0,keyvalu 的值自增 1 次;如果 S1 不等于 0,则执行后面的语句。

②if(表达式)
{

   语句体 1;

}

   else

{

语句体 2;

}

该语句的含义:如果表达式的值为真(非零),则执行语句 1,否则执行语句 2。其流程图如图 4.1.8 所示。

例如,if(S1 = =0)
{

   keyvalu++;

}

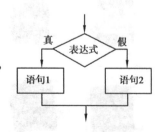

图 4.1.8   第二种 if 语句流程图

```
    else
    {
        P1=0x00;
    }
```

其含义是如果 S1 等于 0,keyvalu 的值自增 1 次;如果 S1 不等于 0,则将 0x00 赋给 P1 口。

③前两种形式的 if 语句一般用于有两个分支的情况。当有多个分支选择时,可采用 if-else-if 语句,其一般形式如下:

```
if( 表达式 1){语句体 1;}
    else if( 表达式 2){语句体 2;}
    else if( 表达式 3){语句体 3 ;}
        ……
    else if( 表达式 m){语句 m ;}
    else  {语句 n;}
```

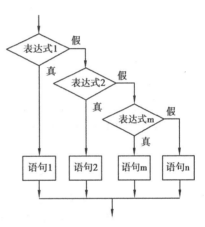

该语句的含义:依次判断表达式的值,当出现某个值为真时,则执行其对应的语句。然后跳到整个 if 语句之外继续执行程序。如果所有的表达式均为假,则执行语句 n。然后继续执行后续程序。if-else-if 语句执行流程图如图 4.1.9 所示。

例如,if（n>10）{ temp=5;}
　　else if(n>8) { temp=4;}
　　　　else if(n>6) { temp=3; }
　　　　　　else if(n>4) { temp=2;}
　　　　　　　　else { temp=1;}

图 4.1.9　第三种 if 语句流程图

程序段的含义:如果 n 大于 10,temp 等于 5;如果 n 大于 8,temp 等于 4;如果 n 大于 6,temp 等于 3;如果 n 大于 4,temp 等于 2;如果上述条件都不成立,temp 等于 1。

知识小贴士

if 语句使用注意事项:

①if 关键字之后的表达式通常是逻辑表达式和关系表达式,有时也可以是诸如赋值表达式的其他表达式。不管是什么类型的表达式,它们最终的结果一定要是布尔类型。

②if 语句控制的语句体如果是一条语句,可以不加大括号。如果是多条语句,一定要加大括号。为养成良好的编程习惯,建议 if 语句控制语句体的大括号不要省略。

③if 语句中,条件表示式后不能有";",语句体的大括号后不能有";"。

---

3. switch 语句

第三种 if 语句实现多分支结构时,条件语句嵌套过多,程序冗长不好阅读。此时可以用 switch 语句。switch 语句的语句格式如下:

微课视频

switch(表达式)

```
{case    常量表达式1:语句1;break;
 case    常量表达式2:语句2;break;
        ……
 case    常量表达式n:语句n;break;
 default:语句n+1;
}
```

switch 语句执行过程:程序运行时,用 switch 后面的表达式的值作为条件,与 case 后面的各个常量表达式的值进行对比。如果结果相同,执行常量表达式后面的语句,再执行 break(间断语句)语句,最后跳出 switch 语句;如果所有 case 常量表达式的值和 switch 后面的表达式的值不相等,执行 default 后的语句。当没有符合的条件时不作任何处理,可以不写 default 语句。

例如,switch(keyvalu)

```
{
    case 0: P1=0x00;break;
    case 1: P1=0xf0;break;
    case 2: P1=0x0f; break;
    case 3: P1=0x55; break;
    default:break;
}
```

程序的含义:依据不同的 keyvalu 值给 P1 赋值,当 keyvalu=0 时,P1=0x00;当 keyvalu=1 时,P1=0xf0;当 keyvalu=2 时,P1=0x0f;当 keyvalu=3 时,P1=0x55;如果 keyvalu 不等于上述值,则退出 switch 语句,执行后面程序。

经验小贴士

switch 语句中的 break 关键字是可以省略的,此时程序执行了本行 case 语句后,不会退出 switch 语句,而是继续执行后面的 case 语句。

例如:switch(keyvalu)

```
{
    case 0: P1=0x00;
    case 1: P1=0xf0;
    case 2: P1=0x0f;
    case 3: P1=0x55;
    default:break;
}
```

此时,当 keyvalu=0 时,程序执行完 P1=0x00 后,还会依次执行 P1=0xf0;P1=0x0f;P1=0x55;P1 口最终的值为 0x55。

微课视频

四、任务实施

1. 电路搭建

表 4.1.1　硬件电路图

名称	单按键控制 8 位 LED 花样闪烁电路图	检索编号	XM4-01-01

硬件电路

编号	名称	参数	数量	编号	名称	参数	数量
U1	单片机 AT89C51	DIP40	1	S1、S2	微动开关	6*6*4.5	1
R1、R2	电阻	10 kΩ,1/4W, 1%	1	R2—R9	电阻	470 Ω, 1/4 W,1%	8
VD1—VD8	发光二极管	5 mm 红色	8	C2、C3	瓷片电容	22pF	2
C1	电解电容	22 μF/25 V	1	Y1	晶体振荡器	12 MHz 49 s	1

元件清单

微课视频

2. 程序编写

表 4.1.2　程序编写表

名称	单按键控制 8 位 LED 花样闪烁程序编写		检索编号	XM4-01-02
	流程图	程序		注释
程序设计	键盘扫描程序流程图 开始 → S1==1?(N循环/Y) → 延时消抖 → S1==1?(N循环/Y) → 按键次数加1 → 等待按键释放 → 次数大于4重置 → 结束	1　#include" reg51. h"		//包含头文件 reg51. h
		2　#include" intrins. h"		//包含内部函数库
		3　sbit S1 = P2^0;		//定义 P1.0 为按键输入引脚
		4　unsigned char keyvalu;		//存放按键的次数值
		5　void key_scan (void)		/* 键盘扫描程序 */
		6　{		
		7　if(S1 == 0)		//判断按键是否按下
		8　　{delay(5000);		//软件延时消抖
		9　　if(S1 == 0)		//再次判断按键是否按下
		10　　　{keyvalu++;		//每按一次,键值加 1
		11　while((P1&0x01)! =0x01);		//等待按键释放
		12　　}		
		13　　}		
		14　if(keyvalu == 4)		//增加到 5 时,重新赋值
		15　keyvalu = 0;		
		16　}		
		17　void CCW()		/* 逆序旋转函数 */
		18　{		
		19　unsigned char i,temp;		//定义循环变量 i
		20　P1 = 0xfe;		//点亮 P1.0 连接 LED
		21　for(i = 0;i<8;i++)		//for 循环控制 LED 依次点亮
		22　{		
		23　temp = _crol_(temp,1);		// LED 逆时针流水
		24　delay(1000);		软件延时
		25　}		
		26　P1 = 0xff;		//关闭 P1 口的 LED
		27　}		
		28　void CW()		/* 顺序旋转函数 */
		29　{		

续表

名称	单按键控制 8 位 LED 花样闪烁程序编写	检索编号	XM4-01-02

		程序	注释
程序设计	30	unsigned char i;	//定义循环变量 i
	31	P1 = 0x7f;	//点亮 P1.7 连接 LED
	32	for(i=0;i<8;i++)	//控制 LED 依次点亮
	33	{	
	34	temp = temp>>1;	// LED 顺时针流水
	35	delay(1000);	软件延时
	36	}	
	37	}	
	38	void Twinkle()	/* 闪烁函数 */
	39	{	
	40	unsigned char i;	//定义循环变量 i
	41	for(i=0;i<10;i++);	//闪烁 10 次
	42	{P1 = 0x00;	//P1 口 LED 发光
	43	delay(1000);	//延时
	44	P1 = 0xff;	//P1 口 LED 熄灭
	45	delay(1000);	//延时
	46	}	
	47	}	
	48	void main()	/* 主函数 */
	49	{	//程序开始
	50	P1 = 0xff;	//P1 口初始化
	51	while(1)	//无限循环防止程序跑飞
	52	{key_scan();	//调用键盘扫描函数
	53	switch(keyvalu)	//依键值选择 LED 花样闪烁
	54	{ case 0: CW(); break;	//按 1 次 LED 顺序流水
	55	case 1:CCW();break;	//按 2 次 LED 逆序流水
	56	case 2:P1=0x55;break;	//按 3 次 LED 交叉点亮
	57	case 3:Twinkle();break;	//按 3 次,LED 闪烁
	58	default;break;	//其他情况,退出 switch 语句
	59	}	//结束 switch 语句
	60	}	//结束无限循环语句
	61	}	//程序结束

主程序流程图

续表

名称	单按键控制 8 位 LED 花样闪烁程序编写	检索编号	XM4-01-02

<table>
<tr><td rowspan="1">程序说明</td><td>
第 4 行:定义全局变量 keyvalu,用于存放按键按下的次数。在按键输入控制中,常常用一个按键实现多个控制功能,编程方法是定义一个全局变量,将按键次数存在这个变量中,通过对变量的比较,就可以实现相应的功能。

第 5 行:定义按键扫描程序是为了识别独立按键按下的次数,这种编程方法在一键多能控制中运用是否广泛。

第 7、8、9 行:软件消抖程序。

第 11 行:等待按键释放程序。程序的算法是,先用 0x01 和 P1 与运算,运算后的结果和 0x01 比较。如果相等,while 条件表示式成立,程序就停止这个地方;如果不相等,while 条件表达式不成立,程序跳出 while 循环执行后面的程序。在本例程序中,当没有按键按下时,P1 口是 0xff,和 0x01 与运算的结果还是 0x01,while 条件表示式不成立,程序执行后面语句;当有按键按下时,P1 口是 0xfe,和 0x01 与运算的结果是 0x00,while 条件表达式成立,程序停滞此处做无限循环,直到按键释放。在机械按键的操作中,人操作按键的速度远慢于单片机执行程序速度,这种速度不匹配引起的后果是按动按键一下,单片机可能已经采集了好多次,在键值判断时往往会出错。为了解决高速处理器和低速外设速度不匹配的问题,在独立按键编程时,常常使用等待按键释放程序。

第 17—47 行:LED 逆序流水、顺序流水和闪烁程序,这个程序在项目 3 中已作详细介绍,这里不再赘述。

第 52 行:调用键盘扫描函数。在 C 语言中,所有的子函数都要经过主函数的调用才能够实现相应的功能。

第 53—59 行:本程序核心语句,switch 语句实现 LED 花样闪烁。程序执行键盘扫描函数后,按键的值存放在 keyvalu 中,通过 switch 语句实现分支选择。
</td></tr>
</table>

微课视频

3. 软件仿真

表 4.1.3　仿真任务单

任务名称	单按键控制 8 位 LED 花样闪烁仿真		检索编号	XM4-01-03
专业班级		任务执行人	接单时间	
执行环境	☑ 计算机:CPU 频率≥1.0 GHz,内存≥1 GB,硬盘容量≥40 G,操作平台 Windows ☑ Keil uVision4 软件　　　　　　☑ Proteus 软件			

任务大项	序号	任务内容	技术指南
仿真电路图绘制	1	运行 Proteus 软件,设置原理图大小为 A4	运行 Proteus 软件,菜单栏中找到 system 并打开,选择"Set sheet sizes",选择图纸 A4。设置完成后,将图纸按要求命名和存盘

任务大项	序号	任务内容	技术指南
仿真电路图绘制	2	在元件列表中添加表4.1.1"元件清单"中所列元器件	元件添加时单击元件选择按钮"P(pick)",在左上角的对话框"keyword"中输入需要的元件名称。各元件的 Category(类别)分别为单片机 AT89C52(Microprocessor AT89C52)、晶振(CRYSTAL)、电容(CAPACI-TOR)、电阻(Resistors)、发光二极管(LED-BLBY),按键(BUTTON) 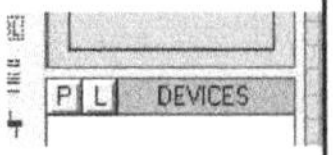 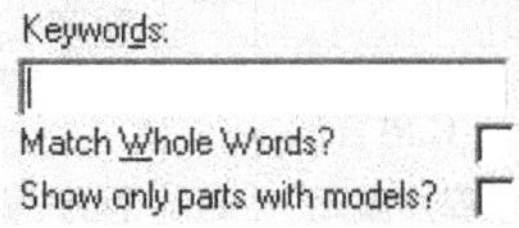
	3	将元件列表中元器件放置在图纸中	在元件列表区单击选中的元件,鼠标移到右侧编辑窗口中,鼠标变成铅笔状,单击左键,框中出现元件原理图的轮廓图,可以移动。鼠标移到合适的位置后,按下鼠标左键,元件就放置在原理图中
	4	添加电源及地极	单击模型选择工具栏中的 图标,选择"POWER(电源)"和"GROUND(地极)"添加至绘图区 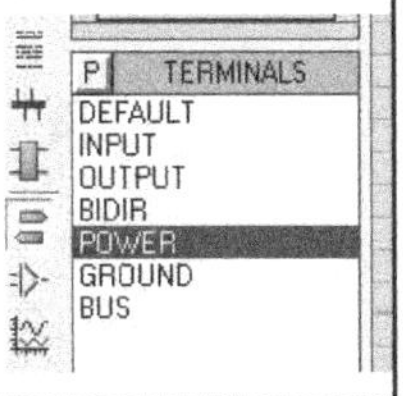
	5	按照表4.1.1"硬件电路"将各个元器件连线	鼠标指针靠近元件的一端,当鼠标的铅笔状变为绿色时,表示可以连线了,单击该点,再将鼠标移至另一元件的一端单击,两点间的线路就画好了
	6	绘制总线	在绘图区域单击鼠标右键,选择"Place",在下拉列表中选择"Bus"按键 ┿ Bus,或单击软件中 ┿ 图标,可完成总线绘制
	7	放置网络端号	用总线连接的各个元件需要添加网络端号才能实现电气上的连接。具体方面:选择需要添加网络端号的引脚,单击鼠标右键,选择"Place Wire Label" Place Wire Label,在"String"对话框中输入网络端号名称,网络端号的命名要简单明了,如与 P1.0 口连接的 LED 可以命名成"P10" 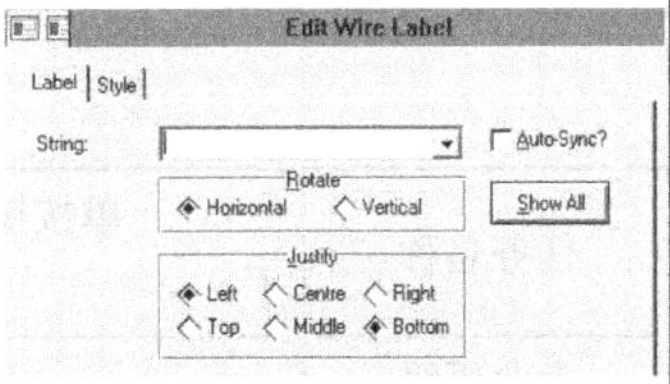
	8	按照表4.1.1"元件清单"中所列元器件参数编辑元件,设置各元件参数	双击元件,会弹出编辑元件的对话框。输入元器件参数。"component reference"输入编号。"Hidden"勾选就会隐藏前面选项 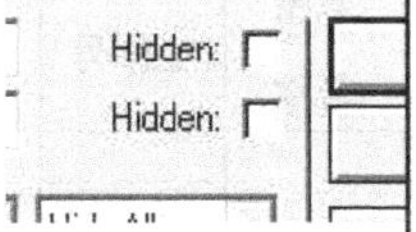

续表

任务大项	序号	任务内容	技术指南
C语言程序编写	9	运行 Keil 软件,创建任务的工程模板	运行 Keil 软件,创建工程模板,将工程模板按要求命名并存盘
	10	录入表4.1.2中的程序	程序录入时,输入法在英文状态下。表单中"注释"部分是为方便程序阅读,与程序执行无关,可以不用录入
	11	程序编译	程序编译前,在 Target"Output 页"勾选"Create HEX File"选项,表示编译后创建机器文件,然后编译程序 ☑ 创建可执行文件(E): \项目2单片 ☑ Debug Information ☑ Create HEX File　HEX Format:
	12	程序调试	如果没有包含"reg51.h"头文件,程序会报:error C202:'P0':undefined identifier
	13	输出机器文件	机器文件后缀为.hex,为方便使用,要和程序源文件分开保存
仿真调试	14	程序载入	在 Proteus 软件中,双击单片机,单击⬚,找到后缀名为.hex 的存盘程序,导入程序 AT89C51　Hidden:☐ DIL40 ▼ Hide All ▼ ⬚ Hide All ▼ 12MHz Hide All ▼ ▼ No ▼ Hide All ▼
	15	运行调试	单击运行按钮 ▶ 开始仿真。在仿真运行时,红色小块表示电路中输出的高电平,蓝色小块表示电路中输出的低电平,灰色小块表示电路高阻态

4. 实物制作

微课视频

表4.1.4　实物制作工序单

任务名称		单按键控制8位 LED 花样闪烁实物制作工序单		检索编号		XM4-01-04
专业班级			小组编号		小组负责人	
小组成员					接单时间	
工具、材料、设备		计算机、恒温焊台、直流稳压可调电源、万用表、双踪示波器、元器件包、任务 PCB 板、电子焊接工具包、SPI 下载器				
工序名称	工序号	工序内容	操作规范及工艺要求		风险点	
任务准备	1	技术交底会	掌握工作内容,落实工作制度和"四不伤害"安全制度		对工作制度和安全制度落实不到位	
	2	材料领取	落实工器具和原材料出库登记制度		工器具领取混乱,工作场地混乱	

续表

工序名称	工序号	工序内容	操作规范及工艺要求	风险点
元件检测	3	对照表 4.1.1 "元件参数",检测各个元器件	落实《电子工程防静电设计规范》(GB 50611—2010)	(1)人体静电击穿损坏元器件 (2)漏检或错检元器件
焊接	4	单片机最小系统焊接	见表 1.1.2	见表 1.1.2
	5	发光二极管和限流电阻焊接	(1)操作时要戴防静电手套和防静电手腕,电烙铁要接地 (2)焊接温度 260 ℃,3 s 以内 (3)焊点离封装大于 2 mm	(1)发光二极管静电击穿 (2)发光二极管高温损坏 (3)发光二极管极性焊错
调试	6	无芯片短路测试	在没有接入单片机时,电源正负接线柱电阻接近无穷	(1)电源短路 (2)器件短路
	7	无芯片开路测试	LED 正向能导图,反向截止,相当于开路	焊接不到位引起的开路
	8	无芯片功能测试	(1)开、短路测试通过后接入电源 (2)电源电压调至 5 V,接入电路板电源接口 (3)测试端子 P1 接电源负极,观察 LED 是否发光	(1)电路板带故障开机 (2)电源接入前要填好电压,关机后再接入电路板,接线完成再开机。防止操作不符合规范,引起电路板烧坏
	9	程序烧写	分别烧入表 4.1.2 中的程序	程序无法烧写
	10	带芯片测试	如果 LED 显示不正常,查看下面几点:(1)单片机工作电压是否正常;(2)复位电路是否正常;(3)晶振及两个电容的数值是否正确,万用表测量单片机晶振的两个管脚,大约 2 V;(4)P2.0 口电压或波形是否正常	(1)单片机不能正常工作 (2)按键不能正常采集
任务结束	11	工作场所清理	符合企业生产"6S"原则,做到"工完、料尽、场地清"	
	12	材料归还	落实工器具和原材料入库登记制度、耗材使用记录和实训设备使用记录	工器具归还混乱,耗材及设备使用未登记
	13	任务总结会	总结工作中的问题和改进措施	总结会流于形式,工作总结不到位
时间			教师签名:	

5. 考核评价

表 4.1.5　任务考评表

名称		单按键控制 8 位 LED 花样闪烁任务考评表			检索编号		XM4-01-05
专业班级			学生姓名			总分	
考评项目	序号	考评内容	分值	考评标准		学生自评	教师评价
仿真电路图绘制	1	运行 Proteus 软件,按要求设置	5	软件不能正常打开扣 2 分,设置不正确每项扣 1 分。			
	2	添加元器件	5	无法添加元件,或者元件添加错误,每处扣 1 分			
	3	修改元器件参数	5	元器件、文字符号错误或不符合行业规定,每处扣 1 分			
	4	元器件连线	10	元器件连接错误,电源连接错误,网络端号编写错误,每处扣 1 分;连线凌乱,电路图不美观酌情扣 1~3 分			
C 语言程序编写	5	运行 Keil 软件,创建任务的工程模板	5	软件设置不正确,每项扣 1 分;Keil 工程创建错误,工程设置错误,每处扣 1 分			
	6	程序编写	10	程序编写错误,不能排除程序错误,每处错误扣 1 分			
	7	程序编译	10	程序无法编译,不能排除错误,每处错误扣 1 分			
仿真调试	8	程序载入	5	程序载入错误,仿真不能按要求进行,每处扣 1 分			
	9	运行调试	5	程序调试过程不符合操作规程,每处扣 1 分			
道德情操	10	热爱祖国、遵守法纪、遵守校纪校规	10	非法上网,非法传播不良信息和虚假信息,每次扣 5 分。出现违规行为,成绩不合格			
	11	讲文明、懂礼貌、乐于助人	10	不文明实训,同学之间不能相互配合,有矛盾和冲突,每次扣 5 分			

续表

考评项目	序号	考评内容	分值	考评标准	学生自评	教师评价
专业素养	12	实训室设备摆放合理、整齐	5	不按规定摆放实训物品和学习用具，每处扣1分。随意挪动设备，更改计算机设置，发现一次扣1分		
	13	保持实训室干净整洁，实训工位洁净	5	乱摆放工具、乱丢弃杂物、实训结束后不清理实训工位，每处扣1分		
	14	遵守安全操作规程，遵守纪律，爱惜实训设备	5	不正确使用计算机，出现违反操作规程的(如非法关机)，每次扣4.5分。故意损坏设备，照价赔偿		
	15	操作认真，严谨仔细，有精益求精的工作理念	5	操作粗心，实训敷衍，每次扣4.5分		
日期				教师签字：		

闯关练习

表 4.1.6　练习题

名称		闯关练习题			检索编号	XM4-01-06
专业班级			学生姓名		总分	
练习项目	序号	考评内容			学生答案	教师批阅
单选题 30分	1	a=2,b=3,i=3,执行程序 if(i! =0){a++;b--;}else{a--;b++}后,a、b 的值是(　　)。 A. a=2,b=2 B. a=1,b=4 C. a=3,b=2				

	2	当 keyvalu=0 时,执行完下列程序后,P1 的值是(　　)。
		switch(keyvalu)
		{
		case 0：P1=0x00;
		case 1：P1=0xf0;
		default:break;
		}
		A. 0x00
		B. 0xf0
		C. 不确定				

续表

练习项目	序号	考评内容	学生答案	教师批阅
单选题 30分	3	P1.0 接独立按键,定义为 S1,下列不能实现等待按键释放功能的程序是( )。 A. while((P1&0x01)! =0x01); B. while(S1! =1); C. while((P1&0x00)! =0x01);		
填空题 40分	4	上拉电阻的阻值一般为 1~10 kΩ。阻值越大,流过的电流越小,功耗_____(越大、越小)。阻值越小,驱动能力_____(越大、越小),功耗_____(越大、越小)		
	5	按键消抖方法有硬件消抖和软件消抖两种。在硬件消抖中,通常采用_____来消除按键的机械抖动。在软件消抖中,通常使用_____语句和延时函数		
	6	独立按键按照结构可以分为_____和_____。前者价格便宜,操作手感好(如机械式开关、导电橡胶式开关)。后者使用寿命长,可靠性和安全性高(如电气式按键、磁感式按键和电容式按键等)		
	7	为了解决高速处理器和低速外设速度不匹配的问题,在独立按键编程时,常常用_____语句书写等待按键释放程序		
判断题 30分	8	全局变量是在函数外部定义的变量,也可以是在本程序任何地方创建		
	9	if 语句中,条件表示式后不能有";",语句体的大括号后不能有";"		
	10	if 关键字之后的表达式通常是逻辑表达式和关系表达式,也可以是如 10、12 这样的整数常量		
日期		教师签字:		

任务4.2 简单密码锁设计

一、任务情境

电子密码锁因具有较高的安全性能、使用便捷和外观时尚等优点越来越受人们的喜爱,正在逐渐代替传统弹子锁,应用于家庭防盗门,商场、公司和一些安全保密设施上。本任务是用4×4键盘设计一个简单密码锁。任务要求:输入一位密码(1~16 的字符),如果密码输入正确,绿灯亮,表示锁打开;否则,红灯亮,蜂鸣器报警;密码输入 3 次错误后,红灯亮、蜂鸣器报警的同时键盘锁定,不允许进行再次输入。

微课视频

二、任务分析

1. 硬件电路分析

依控制要求,用一位绿色 LED 灯表示密码锁状态。用红色 LED 灯和蜂鸣器做声光报警。4×4 矩阵键盘用于密码的输入。

如图 4.2.1 所示为矩阵键盘的结构,由 4 根行线和 4 根列线构成。每个按键在行线和列线的交叉处,按键的两端分别与行线和列线相接。这样就组成了一个 4×4 矩阵键盘。相比于独立键盘,4×4 矩阵键盘节省了一半的 I/O 口。但它在程序编写上,比独立键盘复杂一些。

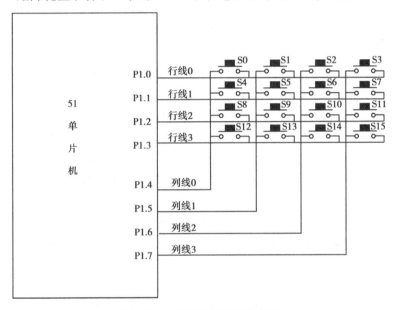

图 4.2.1　矩阵键盘的连接电路

2. 软件设计分析

本任务的软件部分由键盘输入程序、密码锁密钥判断程序、开锁程序和声光报警程序 4 个部分组成。程序框图如图 4.2.2 所示。

键盘输入程序主要功能是采集输入的键盘值,密码锁的密钥就是通过键盘输入程序采集,单片机对采集到的输入量进行比较判断,如果输入量是密钥,调用开锁程序,打开密码锁;否则,调用声光报警程序,启动报警。为确保密钥安全,在程序中需要加入误输入次数的判断。

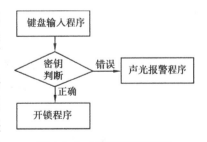

图 4.2.2　密码锁程序框图

微课视频

三、知识链接

1.矩阵键盘

矩阵键盘是一种为减少单片机 I/O 口输入而设计的按键矩阵。通过行列交叉的形式,形成 4×4 的键盘阵列,如图 4.2.1 所示。采用矩阵的形式和单片机连接,在进行键值读取时不能像独立按键那样直接读取,而是要通过一定的算法。常见的矩阵键盘算法程序有逐行扫描法和查表法。

(1)逐行扫描法

逐行扫描法的编程方法如下:

第一步,判断是否有按键按下。将全部的行线(P1.0、P1.1、P1.2 和 P1.3)置低电平"0",全部的列线(P1.4、P1.5、P1.6 和 P1.7)置高电平"1",然后判断列线的状态。如果有一根列线的状态不为"1",延时消抖后再进行判断。如果判断确实有一根列线的状态不为"1",说明键盘中有按键按下。若检查到列线全是高电平"1",说明无按键按下。

第二步,键值识别。如果确实有按键按下,采用逐行扫描的方法进行具体键值。方法是先扫描第一行,将第一行输出行线置"0",然后读列值,哪一列出现低电平"0",则说明该列与第一行交叉处的按键被按下。若读入的列值全为高电平"1",则说明与第一行上的按键(S0 ~ S3)均没有按下。转入第二行的扫描,以此类推,直到找到被按下的按键。

(2)查表法

查表法也称行列反转法,这种编程方法相比逐行扫描法程序简单、代码简练和执行效率高。但这种方法有一定的技巧性和局限性,它只适用于一些 4×4、8×8 这样的对称结构的键盘。编程方法如下:

第一步,拉低所有列线,拉高所有行线,读取行列端口值。

第二步,行列反转,即拉高所有列线,拉低所有行线,读取行列端口值。

第三步,将两次读到的值进行"或"运算,得到每个键值的码值表,如图 4.2.3 所示。

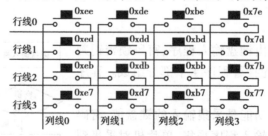

图 4.2.3　矩阵键盘码值

第四步,通过码值表确定键值。如果没有按键按下时,"或"运算结果为 0xff。

2.蜂鸣器

微课视频

蜂鸣器作为电子产品中发声报警器件,使用十分频繁,如图 4.2.4 所示。蜂鸣器主要分为压电式蜂鸣器和电磁式蜂鸣器两类。前者是以压电陶瓷的压电效应带动金属片的振动发声,后者是利用电磁线圈带动金属振动膜发声。

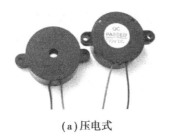

(a)压电式　　　　　　　　　　(b)电磁式

图 4.2.4　蜂鸣器实物图

蜂鸣器从结构上分为有源和无源两种。这里的"源"不是指电源,而是指振荡源。有源蜂鸣器内部带振荡器,只要一通电就会响。这种蜂鸣器操作简单,用单个 LED 的驱动程序即可操作。无源蜂鸣器内部不带振荡源,用直流信号驱动它时,不会发出声音,必须用一个方波信号驱动,频率一般为 2~5 kHz。

无论是有源蜂鸣器还是无源蜂鸣器,都可以通过单片机驱动信号来使它发出不同音调的声音。通过改变信号的频率,可以调整蜂鸣器的音调,频率越高,音调越高。另外,改变驱动信号的占空比,可以控制蜂鸣器声音的大小。

单片机的 I/O 口输出电流较小,无法直接驱动蜂鸣器发声,需要增加一个驱动电路来对驱动电流进行放大。通常用三极管对蜂鸣器的驱动电流进行放大。驱动电路如图 4.2.5 所示。图中,D1 是续流二极管。蜂鸣器是一个感性元件,为了防止它在开关时产生尖峰电压,损坏三极管和干扰电路系统,在蜂鸣器两端接一个续流二极管提供续流。C1 是滤波电容。它的作用是滤除蜂鸣器电流对电路的影响,提高系统稳定性。V1 是三极管。当它的基极是高电平时,三极管饱和导通,使蜂鸣器发声;当它的基极是低电平时,三极管关闭,蜂鸣器停止发声。在一些对系统稳定性要求不高的场合,可以省略图中续流二极管和滤波电容。简化后的电路如图 4.2.6 所示。

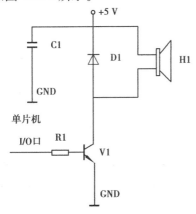
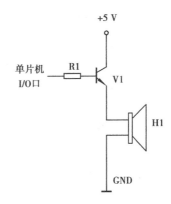

图 4.2.5　蜂鸣器驱动电路　　　　　图 4.2.6　蜂鸣器驱动简化电路

3. break、continue 语句

break 语句是结束整个循环过程,跳出循环去执行循环体以外的语句。它只能用在循环语句和 switch 语句中,不能单独使用。当它出现在 switch 语句体内时,其作用只是跳出该switch 语句体;当它在一个循环程序中时,其作用是强行退出循环结构。

continue 语句是结束本次循环,接着执行下次循环,它不结束整个循环。continue 语句和 break 语句的区别在于:循环遇到 break 语句,是直接结束循环,而遇到 continue 语句,是停止当前这一遍循环,然后直接尝试下一遍循环。continue 语句并不结束整个循环,而是仅中断这一遍循环,然后跳到循环条件处,继续下一遍的循环。当然,如果跳到循环条件处,发现条件已不成立,那么循环也将结束。

微课视频

四、任务实施

1. 电路搭建

表 4.2.1   硬件电路图

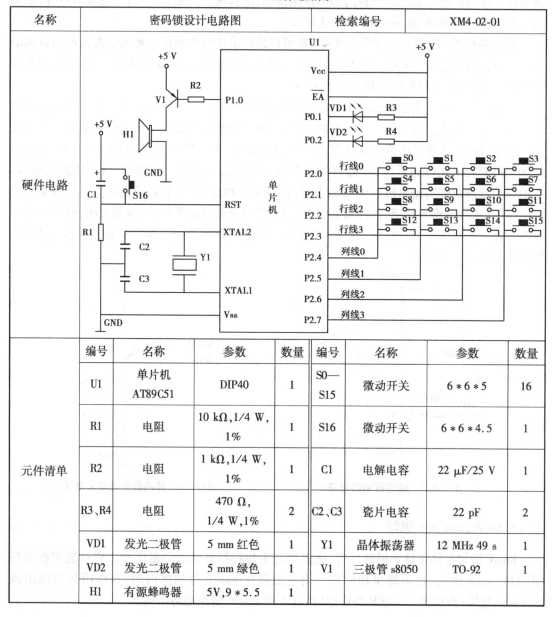

名称	密码锁设计电路图			检索编号	XM4-02-01	

	编号	名称	参数	数量	编号	名称	参数	数量
元件清单	U1	单片机 AT89C51	DIP40	1	S0—S15	微动开关	6*6*5	16
	R1	电阻	10 kΩ,1/4 W, 1%	1	S16	微动开关	6*6*4.5	1
	R2	电阻	1 kΩ,1/4 W, 1%	1	C1	电解电容	22 μF/25 V	1
	R3、R4	电阻	470 Ω, 1/4 W,1%	2	C2、C3	瓷片电容	22 pF	2
	VD1	发光二极管	5 mm 红色	1	Y1	晶体振荡器	12 MHz 49 s	1
	VD2	发光二极管	5 mm 绿色	1	V1	三极管 s8050	TO-92	1
	H1	有源蜂鸣器	5V,9*5.5	1				

微课视频

2. 程序编写

表 4.2.2　程序编写表

| 名称 | 密码锁设计程序编写 | 检索编号 | XM4-02-02 |

	流程图		程序	注释
程序设计		1	#include" reg51. h"	//包含头文件 reg51. h
		2	sbit P24 = P2^4;	//将 P24 位定义为 P2.4
		3	sbit P25 = P2^5;	//将 P25 位定义为 P2.5
		4	sbit P26 = P2^6;	//将 P16 位定义为 P2.6
		5	sbit P27 = P2^7;	//将 P27 位定义为 P2.7
		6	sbit red = P0^1;	//将红色 LED 定义为 P0.1
		7	sbit green = P0^2;	//将绿色 LED 定义为 P0.2
		8	sbit beep = P1^0;	//将蜂鸣器定义为 P1.0
		9	char key_scan( )	/* 键盘扫描程序 */
		10	{	
		11	char keyval;	//定义变量,存放键值
		12	P2 = 0xf0;	//拉低行线,拉高列线
		13	if((P2&0xf0)! = 0xf0)	//判断是否有按键按下
		14	delay(5000);	//延时消抖
		15	if((P2&0xf0)! = 0xf0)	//再次判断是否有按键按下
		16	{	
		17	P2 = 0xfe;	//第 1 行置为低电平
		18	if(P24 = = 0)	//检测第 1 列电平是否为 0
		19	keyval = 0;	//可判断是 S0 键被按下
		20	if(P25 = = 0)	//检测第 2 列电平是否为 0
		21	keyval = 1;	//可判断是 S1 键被按下
		22	if(P26 = = 0)	//检测第 3 列电平是否为 0
		23	keyval = 2;	//可判断是 S2 键被按下
		24	if(P27 = = 0)	//检测第 4 列电平是否为 0
		25	keyval = 3;	//可判断是 S3 键被按下
		26	P2 = 0xfd;	//第 2 行置为低电平
		27	if(P24 = = 0)	//检测第 1 列电平是否为 0
		28	keyval = 4;	//可判断是 S4 键被按下
		29	if(P25 = = 0)	//检测第 2 列电平是否为 0

流程图部分：

开始 → 键盘初始化 → 按键是否按下(N返回) → Y → 延时消抖 → 按键是否按下(N返回) → Y → 行线1置0 → 列线1是否为0(Y→keyval=0) → N → 列线2是否为0(Y→keyval=1) → N → 列线3是否为0(Y→keyval=2) → N → 列线4是否为0(Y→keyval=3) → N → 行线2置0 → 列线1是否为0(Y→keyval=4) → N → 列线2是否为0(Y→keyval=5) → N → 列线3是否为0(Y→keyval=6) → N → 列线4是否为0(Y→keyval=7) → N

续表

名称	密码锁设计程序编写		检索编号	XM4-02-02

流程图		程序	注释
	30	keyval = 5;	//可判断是 S5 键被按下
	31	if(P26 = = 0)	//检测第 3 列电平是否为 0
	32	keyval = 6;	//可判断是 S6 键被按下
	33	if(P27 = = 0)	//检测第 4 列电平是否为 0
	34	keyval = 7;	//可判断是 S7 键被按下
行线3置0	35	P2 = 0xfb;	//第 3 行置为低电平
列线1是否为0 Y keyval=8	36	if(P24 = = 0)	//检测第 1 列电平是否为 0
N	37	keyval = 8;	//可判断是 S8 键被按下
列线2是否为0 Y keyval=9	38	if(P25 = = 0)	//检测第 2 列电平是否为 0
N	39	keyval = 9;	//可判断是 S9 键被按下
列线3是否为0 Y keyval=10	40	if(P26 = = 0)	//检测第 3 列电平是否为 0
N	41	keyval = 10;	//可判断是 S10 键被按下
列线4是否为0 Y keyval=11	42	if(P27 = = 0)	//检测第 4 列电平是否为 0
N	43	keyval = 11;	//可判断是 S11 键被按下
行线4置0	44	P2 = 0xf7;	//第 4 行置为低电平
列线1是否为0 Y keyval=13	45	if(P24 = = 0)	//检测第 1 列电平是否为 0
N	46	keyval = 12;	//可判断是 S12 键被按下
列线2是否为0 Y keyval=13	47	if(P25 = = 0)	//检测第 2 列电平是否为 0
N	48	keyval = 13;	//可判断是 S13 键被按下
列线3是否为0 Y keyval=14	49	if(P26 = = 0)	//检测第 3 列电平是否为 0
N	50	keyval = 14;	//可判断是 S14 键被按下
列线4是否为0 Y keyval=15	51	if(P27 = = 0)	//检测第 4 列电平是否为 0
N	52	keyval = 15;	//可判断是 S15 键被按下
keyval=-1	53	return keyval;	//返回键值
	54	}	
结束	55	else return -1;	//无按键按下时返回-1
矩阵键盘程序流程图	56	}	
	57	void main( )	/* 主函数 */
	58	{	
	59	char i;	定义变量 i,存放键值
	60	unsigned char k = 0;	//定义误操作次数

程序设计

续表

名称	密码锁设计程序编写		检索编号	XM4-02-02

流程图		程序	注释
	61	while(1)	//无限循环,防止程序跑飞
	62	{	
	63	i=key_scan( );	//调用键盘扫描程序
	64	if(i==-1)	//没有按键按下
	65	{	
	66	red=1;	//报警灯灭
	67	green=1;	//指示灯灭
	68	beep=0;	//蜂鸣器不响
	69	continue;	//继续循环,等待按键
	70	}	
	71	else if(i!=5)	//输入密钥错误
	72	{	
	73	red=0;	//报警灯亮
	74	green=1;	//开锁指示灯灭
	75	beep=1;	//蜂鸣器报警
	76	delay(2000);	
	77	beep=0;	
	78	k++;	//误按次数加1
	79	while(k>=3)	//超过规定次数
	80	{	
	81	red=0;	//所有灯亮
	82	green=0;	
	83	beep=1;	//蜂鸣器响
	84	} }	
	85	else	//输入密钥正确
	86	{	
	87	green=0;	//开锁指示灯亮,开锁
	88	red=1;	
	89	} }	
	90	}	

流程图部分:

开始 → 初始化 → 无限循环 → 读取keyvalu值 → keyvalu=-1 (Y: 无按键按下,系统正常运行) N → keyvalu=5 (Y: 执行开锁程序) N → 执行声光报警

主程序流程图

续表

名称	密码锁设计程序编写	检索编号	XM4-02-02

<table>
<tr><td rowspan="1">程序说明</td><td colspan="3">

第2—5行:定义矩阵键盘的4个列线。采用逐行扫描时,需要定义矩阵键盘的列线,方便判断在行线拉低时,列线是否也为0,从而确定它们交叉点的按键是否按下。

第9行:矩阵键盘操作函数。该函数带有返回值,当有按键按下返回键值,没有按键按下返回−1。

第12—15行:判断是否有按键按下和软件消抖程序。有些程序只要求判断矩阵键盘是否有按键按下,而不关心具体的值时,往往使用此程序段。

第17—25行:拉低第1行线,读和它相交的4个列线的状态值。第12—15行程序判断确实有按键按下时,从本行开始就要识别具体的按键值。识别方法就是逐行拉低行线,再判断与它相交的列线是否为0。如果是0说明行列相交处的按键被按下。

第26—34行:拉低第2行线,读和它相交的4个列线的状态值。

第35—43行:拉低第3行线,读和它相交的4个列线的状态值。

第44—53行:拉低第1行线,读和它相交的4个列线的状态值。

第69行:continue语句的作用是让程序跳出当前循环,继续检测按键。如果没有该语句,系统上电后,程序会一直执行if(i==−1)语句,即使有按键按下,也检测不到i值的变化。

</td></tr>
</table>

编程小技巧

使用查表法程序举例:

```
/*键盘扫描程序*/
char key_scan (void)
{
unsigned char code key_code[ ]={0xee,0xde,0xbe,0x7e,0xed,0xdd,0xbd,0x7d,
0xeb,0xdb,0xbb,0x7b,0xe7,0xd7,0xb7,0x77 };//键值表
unsigned char   scan1,scan2,keycode,j;
P1=0xf0;
scan1=P1;
if((scan1&0xf0)!=0xf0)            //判键是否按下
{ delay(10000);                   //延时30ms
    scan1=P1;
    if((scan1&0xf0)!=0xf0)        //二次判键是否按下
    {
        P1=0x0f;
        scan2=P1;
        keycode=scan1|scan2;      //组合成键编码
        for(j=0;j<=15;j++)
            {
```

```
                    if(keycode==key_code[j])   //查表得键值
                    {
                        return(j);
                    }
                }
            }
        }
        else    P1=0xff;
        return-1;
    }
```

3. 软件仿真

表 4.2.3　仿真任务单

任务名称		密码锁设计仿真		检索编号	XM4-02-03
专业班级			任务执行人	接单时间	
执行环境		☑ 计算机:CPU 频率≥1.0 GHz,内存≥1 GB,硬盘容量≥40 G,操作平台 Windows ☑ Keil uVision4 软件　　　　　　☑ Proteus 软件			
任务大项	序号	任务内容	技术指南		
仿真电路图绘制	1	运行 Proteus 软件,设置原理图大小为 A4	运行 Proteus 软件,菜单栏中找到 system 并打开,选择"Set sheet sizes",选择图纸 A4。设置完成后,将图纸按要求命名和存盘		
	2	在元件列表中添加表 4.2.1"元件清单"中所列元器件	元件添加时单击元件选择按钮"P(pick)",在左上角的对话框"keyword"中输入需要的元件名称。各元件的 Category(类别)分别为单片机 AT89C52(Microprocessor AT89C52)、晶振(CRYSTAL)、电容(CAPACI-TOR)、电阻(Resistors)、发光二极管(LED-BLBY)、三极管(PN930)、蜂鸣器(BUZZER)、按键(BUTTON)		
	3	将元件列表中元器件放置在图纸中	在元件列表区单击选中的元件,鼠标移到右侧编辑窗口中,鼠标变成铅笔形状,单击左键,框中出现元件原理图的轮廓图,可以移动。鼠标移到合适的位置后,按下鼠标左键,元件就放置在原理图中		

续表

任务大项	序号	任务内容	技术指南
仿真电路图绘制	4	连接矩阵键盘	从元件库中调出 16 个独立按键（BUTTON），组成矩阵键盘。可以使用块编辑命令进行元件放置。在连接键盘时，要保证所有的按键处于分断状态，如果闭合可以用鼠标单击按键右侧箭头改变按键状态
	5	添加电源及地极	单击模型选择工具栏中的 图标，选择"POWER（电源）"和"GROUND（地极）"添加至绘图区
	6	按照表 4.2.1"硬件电路"将各个元器件连线	鼠标指针靠近元件的一端，当鼠标的铅笔形状变为绿色时，表示可以连线了，单击该点，再将鼠标移至另一元件的一端单击，两点间的线路就画好了
	7	按照表 4.2.1"元件清单"中所列元器件参数编辑元件，设置各元件参数	双击元件，会弹出编辑元件的对话框。输入元器件参数。"component reference"输入编号。"Hidden"勾选就会隐藏前面选项
C 语言程序编写	8	运行 Keil 软件，创建任务的工程模板	运行 Keil 软件，创建工程模板，将工程模板按要求命名并存盘
	9	录入表 4.2.2 中的程序	程序录入时，头文件引用语句要放在程序开始位置，程序中使用的循环左移库函数如果存在书写困难，可以打开"intrins. h"库进行复制
	10	程序编译	程序编译前，在 Target"Output 页"勾选"Create HEX File"选项，表示编译后创建机器文件，然后编译程序
	11	程序调试	如果没有包含"reg51. h"头文件，程序会报：error C202：'P0'：undefined identifier
	12	输出机器文件	机器文件后缀为.hex，为方便使用，要和程序源文件分开保存
仿真调试	13	程序载入	在 Proteus 软件中，双击单片机，单击 ，找到后缀名为.hex 的存盘程序，导入程序
	14	运行调试	单击运行按钮 开始仿真。在仿真运行时，红色小块表示电路中输出的高电平，蓝色小块表示电路中输出的低电平，灰色小块表示电路高阻态

微课视频

4. 实物制作

表 4.2.4　实物制作工序单

任务名称		密码锁实物制作工序单		检索编号	XM4-02-04
专业班级			小组编号	小组负责人	
小组成员				接单时间	
工具、材料、设备		计算机、恒温焊台、直流稳压可调电源、万用表、双踪示波器、元器件包、任务 PCB 板、电子焊接工具包、SPI 下载器			
工序名称	工序号	工序内容	操作规范及工艺要求	风险点	
任务准备	1	技术交底会	掌握工作内容,落实工作制度和"四不伤害"安全制度	对工作制度和安全制度落实不到位	
	2	材料领取	落实工器具和原材料出库登记制度	工器具领取混乱,工作场地混乱	
元件检测	3	对照表 4.2.1 "元件参数",检测各个元器件	落实《电子工程防静电设计规范》(GB 50611—2010)	(1)人体静电击穿损坏元器件 (2)漏检或错检元器件	
焊接	4	单片机最小系统焊接	见表 1.1.2	见表 1.1.2	
	5	发光二极管和限流电阻焊接	(1)操作时要戴防静电手套和防静电手腕,电烙铁要接地 (2)焊接温度 260 ℃,3 s 以内 (3)焊点离封装大于 2 mm	(1)发光二极管静电击穿 (2)发光二极管高温损坏 (3)发光二极管极性焊错	
调试	6	无芯片短路测试	在没有接入单片机时,电源正负接线柱电阻接近无穷	(1)电源短路 (2)器件短路	
	7	无芯片开路测试	LED 正向能导图,反向截止,相当于开路	焊接不到位引起的开路	
	8	无芯片功能测试	(1)开、短路测试通过后接入电源 (2)电源电压调至 5 V,接入电路板电源接口 (3)测试端子 P1 接电源负极,观察 LED 是否发光	(1)电路板带故障开机 (2)电源接入前要填好电压,关机后再接入电路板,接线完成再开机。防止操作不符合规范,引起电路板烧坏	
	9	程序烧写	分别烧入表 4.2.2 中的程序	程序无法烧写	
	10	带芯片测试	如果 LED 显示不正常,查看下面几点:①单片机工作电压是否正常;②复位电路是否正常;③晶振及两个电容的数值是否正确,万用表测量单片机晶振的两个管脚,大约 2 V;④P2 口各引脚电压或波形是否正常	(1)单片机不能正常工作 (2)P2 口各引脚电压不正常	

续表

任务名称		密码锁实物制作工序单		检索编号	XM4-02-04
工序名称	工序号	工序内容	操作规范及工艺要求	风险点	
任务结束	11	工作场所清理	符合企业生产"6S"原则,做到"工完、料尽、场地清"		
	12	材料归还	落实工器具和原材料入库登记制度,耗材使用记录和实训设备使用记录	工器具归还混乱,耗材及设备使用未登记	
	13	任务总结会	总结工作中的问题和改进措施	总结会流于形式,工作总结不到位	
时间		教师签名:			

5.考核评价

表 4.2.5　任务考评表

名称		密码锁设计任务考评表		检索编号	XM4-02-05		
专业班级			学生姓名		总分		
考评项目	序号	考评内容	分值	考评标准		学生自评	教师评价
仿真电路图绘制	1	运行 Proteus 软件,按要求进行设置	5	软件不能正常打开扣 2 分,设置不正确每项扣 1 分			
	2	添加元器件	5	无法添加元件,或者元件添加错误,每处扣 1 分			
	3	修改元器件参数	5	元器件、文字符号错误或不符合行业规定,每处扣 1 分			
	4	元器件连线	10	元器件连接错误,电源连接错误,网络端号编写错误,每处扣 1 分;连线凌乱,电路图不美观酌情扣 1~3 分			
C语言程序编写	5	运行 Keil 软件,创建任务的工程模板	5	软件设置不正确,每项扣 1 分;Keil 工程创建错误,工程设置错误,每处扣 1 分			
	6	程序编写	10	程序编写错误,不能排除程序错误,每处错误扣 1 分			
	7	程序编译	10	程序无法编译,不能排除错误,每处错误扣 1 分			

续表

考评项目	序号	考评内容	分值	考评标准	学生自评	教师评价
仿真调试	8	程序载入	5	程序载入错误,仿真不能按要求进行,每处扣 1 分		
	9	运行调试	5	程序调试过程不符合操作规程,每处扣 1 分		
道德情操	10	热爱祖国、遵守法纪、遵守校纪校规	10	非法上网,非法传播不良信息和虚假信息,每次扣 5 分。出现违规行为,成绩不合格		
	11	讲文明、懂礼貌、乐于助人	10	不文明实训,同学之间不能相互配合,有矛盾和冲突,每次扣 5 分		
专业素养	12	实训室设备摆放合理、整齐	5	不按规定摆放实训物品和学习用具,每处扣 1 分。随意挪动设备,更改计算机设置,发现一次扣 1 分		
	13	保持实训室干净整洁,实训工位洁净	5	乱摆放工具、乱丢弃杂物、实训结束后不清理实训工位,每处扣 1 分		
	14	遵守安全操作规程,遵守纪律,爱惜实训设备	5	不正确使用计算机,违反操作规程的(如非法关机),每次扣 4.5 分。故意损坏设备,照价赔偿		
	15	操作认真,严谨仔细,有精益求精的工作理念	5	操作粗心,实训敷衍,每次扣 4.5 分		
日期				教师签字:		

闯关练习

表 4.2.6　练习题

名称		闯关练习题		检索编号	XM4-02-06
专业班级		学生姓名		总分	
练习项目	序号	考评内容		学生答案	教师批阅
填空题 50 分	1	使用逐行扫描法编写矩阵键盘程序,应将每一行的行线_____(拉高、拉低),再来读取列线值			
	2	蜂鸣器主要分为_____和_____两类。前者是以压电陶瓷的压电效应来带动金属片的振动发声,后者是利用电磁线圈带动金属振动膜发声			

续表

练习项目	序号	考评内容	学生答案	教师批阅
填空题 50分	3	蜂鸣器从结构上分为_____和_____两种。前者内部带振荡器,只要一通电就会响。这种蜂鸣器操作简单,用单个 LED 的驱动程序即可操作。后者内部不带振荡源,用直流信号驱动它时,不会发出声音,必须用一个方波信号驱动,频率一般为 2~5 kHz。		
	4	蜂鸣器的操作中,可以通过改变信号的_____调整蜂鸣器的音调,_____越高,音调越高		
	5	蜂鸣器的操作中,可以通过改变驱动信号的_____控制蜂鸣器的声音大小		
判断题 50分	6	查表法程序简单,效率高,可以用在任何类型的矩阵键盘中		
	7	break 语句是结束整个循环过程,跳出循环去执行循环体以外的语句		
	8	break 语句出现在 switch 语句体内时,其作用只是跳出该 switch 语句体。当它在一个循环程序中时,其作用是强行退出循环结构		
	9	continue 语句是结束本次循环,接着执行下次循环,它不结束整个循环		
	10	continue 语句和 break 语句的区别在于:循环遇到 break 语句,是直接结束循环,而若遇上 continue 语句,是停止当前这一遍循环,然后直接尝试下一遍循环		
日期		教师签字:		

项目5

数码管显示控制

数码管作为一种常见的显示器件,在电子电路中应用广泛,常用于家用电器和各类仪器仪表的显示。本项目通过一位、两位到多位数码显示控制的介绍,在硬件学习上了解数码管的显示原理,学习如何使用单片机控制数码管;在 C 语言学习上,掌握数组和指针这两个重要的数据类型,学习定时/计数器和中断在程序中的使用。

微课视频

【知识目标】

1. 知道数码管的结构和工作原理。
2. 掌握数码管的显示和驱动方式。
3. 掌握数组、指针的使用方法。
4. 掌握定时器/计时器和中断的使用。

【技能目标】

1. 能够控制一位、两位和多位数码的显示。
2. 会使用定时/计数器和中断编写程序。
3. 能够完成数码管显示控制的程序编写、调试和仿真。

【情感目标】

1. 在实训中落实企业生产"6S"标准。
2. 培养时间观念,做一个守时守信的人。

【学习导航】

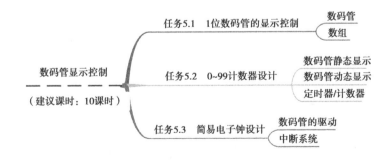

任务 5.1   1 位数码管的显示控制

一、任务情境

在一些需要显示简单字符的场合,如热水器、冰箱和电梯上,常用数码管来显示数字表示温度和楼层等变量。本任务是使用 51 单片机控制一位数码管显示数字 0—9 和大写字母 A—F。要求数字和字母依次循环显示,且显示效果稳定,容易观察。

微课视频

二、任务分析

1. 硬件电路分析

一位数码管是由 8 个发光二极管像拼火柴图案一样拼接而成,其外部引脚如图 5.1.1 所示。按照发光二极管公共端的连接形式不同分为共阳数码管和共阴数码管。共阳极数码管的 8 个发光二极管的阳极连接在一起,作为公共控制端(com),接高电平。阴极作为“段”控制端,当某段控制端为低电平时,该段对应的发光二极管被点亮。通过点亮不同段位的发光二极管,就可以显示出不同的字符。共阴极数码管的 8 个发光二极管的阴极连接在一起,作为公共控制端(com),接低电平。阳极作为“段”控制端,当某段控制端为高电平时,该段对应的发光二极管被点亮。通过点亮不同的段位的发光二极管,就可以显示出不同的字符。其内部封装结构如图 5.1.2 所示。

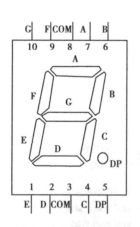

图 5.1.1   数码管外部引脚图

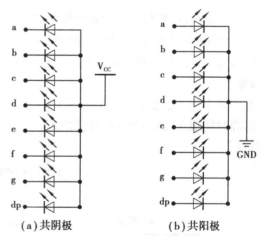

(a)共阴极   (b)共阳极

图 5.1.2   数码管内部结构图

一位共阳数码管与 51 单片机的硬件连接如图 5.1.3 所示。共阳数码管的公共端接电源正极。8 段数据引脚通过限流电阻(限流电阻的阻值一般为 500 Ω 左右)接到单片机的 I/O 口上。

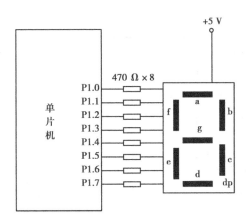

图 5.1.3 数码管与单片机硬件接线图

经验小贴士

数码管与单片机连接时,要考虑单片机的驱动能力,与 LED 的驱动方式相似,数码管有"上拉电流"和"灌电流"两种驱动方式。为保证显示亮度,数码管一般选用共阳数码管,驱动方式采用"灌电流"驱动。

---

2. 软件设计分析

根据 8 段数码管的显示原理,要让数码管显示数字和字母,单片机的 I/O 口就得输出对应的数字或字母的段码。以共阳极数码管为例,如果数码管显示数字"2",需点亮图 5.1.1 中的 a、b、d、e 和 g,同时将 com 端接高电平。如果采用图 5.1.3 的接线形式,用 P1.0、P1.1、…、P1.6、P0.7 分别接数码管的 a、b、…、g、dp,那么数字"2"的段码应该是 10100100B(0xA4),其他显示字形编码见表 5.1.1。

表 5.1.1 数码管字形编码表

显示字符	共阳极数码管									共阴极数码管								
	dp	g	f	e	d	c	b	a	代码	dp	g	f	e	d	c	b	a	代码
0	1	1	0	0	0	0	0	0	C0H	0	0	1	1	1	1	1	1	3FH
1	1	1	1	1	1	0	0	1	F9H	0	0	0	0	0	1	1	0	06H
2	1	0	1	0	0	1	0	0	A4H	0	1	0	1	1	0	1	1	5BH
3	1	0	1	1	0	0	0	0	B0H	0	1	0	0	1	1	1	1	4FH
4	1	0	0	1	1	0	0	1	99H	0	1	1	0	0	1	1	0	66H
5	1	0	0	1	0	0	1	0	92H	0	1	1	0	1	1	0	1	6DH
6	1	0	0	0	0	0	1	0	82H	0	1	1	1	1	1	0	1	7DH
7	1	1	1	1	1	0	0	0	F8H	0	0	0	0	0	1	1	1	07H
8	1	0	0	0	0	0	0	0	80H	0	1	1	1	1	1	1	1	7FH
9	1	0	0	1	0	0	0	0	90H	0	1	1	0	1	1	1	1	6FH

续表

显示字符	共阳极数码管									共阴极数码管								
	dp	g	f	e	d	c	b	a	代码	dp	g	f	e	d	c	b	a	代码
A	1	0	0	0	1	0	0	0	88H	0	1	1	1	0	1	1	1	77H
B	1	0	0	0	0	0	1	1	83H	0	1	1	1	1	1	0	0	7CH
C	1	0	0	0	0	1	1	0	C6H	0	1	1	1	1	0	0	1	39H
D	1	1	1	0	0	0	0	1	A1H	0	0	0	1	1	1	1	0	5EH
E	1	0	0	0	0	1	1	0	86H	0	1	1	1	1	0	0	1	79H
F	1	0	0	0	1	1	1	0	8EH	0	1	1	1	0	0	0	1	71H
H	1	0	0	0	1	0	0	1	89H	0	1	1	1	0	1	1	0	76H
L	1	1	0	0	0	1	1	1	C7H	0	0	1	1	1	0	0	0	38H
P	1	0	0	0	1	1	0	0	8CH	0	1	1	1	0	0	1	1	73H
R	1	1	0	0	1	1	1	0	CEH	0	0	1	1	0	0	0	1	31H
U	1	1	0	0	0	0	0	1	C1H	0	0	1	1	1	1	1	0	3EH
Y	1	0	0	1	0	0	0	1	91H	0	1	1	0	1	1	1	0	6EH
—	1	0	1	1	1	1	1	1	BFH	0	1	0	0	0	0	0	0	40H
.	0	1	1	1	1	1	1	1	7FH	1	0	0	0	0	0	0	0	80H
无	1	1	1	1	1	1	1	1	FFH	0	0	0	0	0	0	0	0	00H

　　本任务中,要求显示数字 0—9 和大写字母 A—F,可以将表 5.1.1 中所对应的段码值送入 P1 口即可。

三、知识链接

1. 数码管

　　数码管也称 LED 数码管(LED Segment Displays),如图 5.1.4 所示。它是由 8 个发光二极管像拼火柴图案一样拼接而成的 8 字形的器件。在这 8 个发光二极管中,前 7 个用来组成数码管的 8 字形,后一个用来显示小数点,它们的内部接线已经连接完成,形成一个公共电极(com)和笔划引脚。笔划引脚的段分别由字母 a、b、c、d、e、f、g、dp 来表示。

　　常用小型 LED 数码管的封装形式几乎全部采用双列直插结构。不同的厂家对数码管的命名和引脚定义是不同的,图 5.1.1 给出了一种常见数码管的引脚图,具体的引脚定义需查看厂家说明书或数据手册。

　　数码管按照需要将 1 至多个 8 字形字符封装在一起,以组成显示位数不同的数码管,如 1 位、2 位、3 位……数码管。不同封装颜色的发光二极管会形成不同显示颜色的数码管,常见的显示颜色有红色、白色等。

微课视频

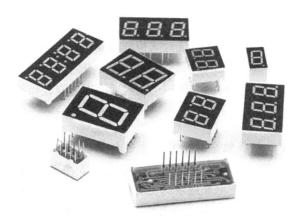

图 5.1.4　数码管实物图

经验小贴士

　　数码管的检测方法:①将万用表拨到二极管挡。②用万用表两表笔任意接到数码管的两个引脚上,直到数码管发光。③红色表笔不动,用黑色表笔依次接触其他引脚。如果都亮,说明该数码管是共阳数码管,同时通过黑色表笔的移动可以判断数码管的段与引脚的对应位置,也可以判断数码管中是否有损坏的段。④如果黑色表笔不动,用红色表笔移动有发光,说明是共阴数码管,其他判断同共阳数码管。

2. 数组

微课视频

(1)一维数组

1)一维数组的定义

　　在程序设计中,为了处理方便,把具有相同类型的若干变量按有序的形式组织起来。这些按序排列的同类数据元素的集合称为数组。在 C 语言中,数组属于构造数据类型,它的格式如下:

类型说明符　数组名[常量表达式]

　　例如,int a[10]表示数组名为 a,有 10 个元素,并且每个元素的类型都是 int 型。

知识小贴士

　　数组使用注意事项:

　　①数组名前的类型是指数组元素的取值类型。对同一数组,它所有元素的数据类型都是相同的。

　　②数组名的命名规则和变量名的命名规则相同。在同一程序中,数组名不能和程序中的其他变量名重复。

　　③数组中,常量表达式表示数组元素的个数,即数组长度,它必须是常量,不能是变量。常量表达式必须用方括号括起来,不能用圆括号。

　　④数组中的第一个元素是从下标 0 开始的。例如,a[4]表示数组有 4 个元素,它们分别是 a[0]、a[1]、a[2]、a[3]。

2）一维数组的初始化

数组的初始化是对数组中每个元素进行赋初值的操作。具体方法是在定义数组时,对数组元素赋初值。例如,int a[10]={0,1,2,3,4,5,6,7,8,9};等价于 a[0]=0, a[1]=1,…,a[9]=9。各个元素之间用逗号分开,最后一个元素后面不能有任何符号。

经验小贴士

数组初始化时可以对数组中的所有元素进行赋值,也可以只给一部分元素赋初值。例如,int a[10]={0,1,2,3,4}表示只给数组的前5个元素赋初值,后5个元素的值系统自动默认为0。无论是对数组中的全部元素赋值还是给部分元素赋值,数组常量表达式的值都要不小于数组元素的个数。不能出现下面的初始化:

int a[8]={0,1,2,3,4,5,6,7,8,9};

在不能确定数组元素数量,或者数组元素过多不易统计常量表达式值时,可以在对全部数组元素赋初值时,不指定数组长度,这样就避免数组初始化时的错误,如 int a[ ]={0,1,2,3,4}。

3）一维数组的引用

数组和C语言中的变量一样,都遵循"先定义,后使用"的原则。在对数据引用时,只能逐个引用数组元素,不能一次引用整个数组,如 tab=a[5] 的含义是将数组 a 中第6个元素赋给变量 tab。

经验小贴士

数组引用时,数组名后方括号中的内容(也称"下标")可以是具体的数字,也可以是一个变量,当下标是具体数字时,表示引用的是数组下标对应的元素。当下标是变量时,可以用循环语句遍历数组中的所有元素。例如,

for(i=0;i<10;i++)

temp=a[i];

表示将数组 a 中的0—9个元素依次赋给变量 temp。

（2）二维数组

1）二维数组的定义

C语言中,二维数组是指有两个下标的数组,也称矩阵。它的格式如下:

类型说明符   数组名[常量表达式1][常量表达式2]

其中,常量表达式1表示行下标的长度,常量表达式2表示列下标的长度。例如,int [2][3]表示定义了一个2行3列的数组,数组名为a,数组元素的类型为整型,数组中有2*3个元素,分别是:

a[0][0],a[0][1],a[0][2]

a[1][0],a[1][1],a[1][2]

2）二维数组的初始化

二维数组的初始化和一维数组相同,也是给数组中各元素赋初值。二维数组初始化分为

按行分段赋值和按行连续赋值,它们的赋值结果是相同的。具体如下:

按行分段赋值:

int a[2][3] = {{1,2,3},{4,5,6}};

按行连续赋值:

int a[2][3] = {1,2,3,4,5,6}。

经验小贴士

二维数组的实质是以数组作为元素的数组,即"数组的数组"。它可以看作一维数组的嵌套,即用相同数据类型的若干个一维数组替换一个一维数组中的元素,组成二维数组。例如,二维数组 int a[2][3] = {{1,2,3},{4,5,6}} 可以理解为一维数组 a[2],它的两个元素分别是一维数组 a1[3] = {1,2,3} 和 a2[3] = {4,5,6}。

二维数组赋值时,可以只对部分元素赋值,未赋值的元素自动取 0。例如,int a[3][3] = {{1},{2},{3}} 是对每行的第一列元素赋值,未赋值的元素自动取 0。

二维数组赋值时行优先,可以省略行号。例如,int a[3][3] = {1,2,3,4,5,6,7,8,9},可以写成 int a[][3] = {1,2,3,4,5,6,7,8,9},但不能写成 int a[3][] = {1,2,3,4,5,6,7,8,9}。

---

3)二维数组的引用

二维数组的引用和一维数组相似,在引用时要注意数组元素是从行下标 0 和列下标 0 开始。在引用时可以直接引用二维数组中的某一个固定元素,如 temp = tab[2][3],表示将数组 tab 中 3 行 4 列的元素赋给变量 temp;也可以通过循环嵌套遍历数组中所有的元素,如下列程序段是将二维数组 a[3][4] 中的所有元素逐个送给 display( ) 函数进行显示。

```
for(i=0;i<3;i++)
  {for(j=0;j<4;j++)
    display(a[i][j]);
  }
```

3. 指针

微课视频

(1)指针的定义

在程序执行时,数据要存放到程序存储器(RAM)中,每个数据在存储器中都有一个存放地址。指针是指数据存放的位置,它的值表示数据在存储器中存放的地址。指针变量是指存放这些地址的变量,也称为地址变量,它的格式如下:

类型说明符 *变量名

其中,类型说明符表示指针变量所指向变量的数据类型;* 表示这是一个指针变量;变量名表示定义的指针变量名,它的值是一个地址。例如,int *P 表示 P 是一个指针变量,它的值是某个整型变量的地址。

(2)指针变量的赋值

指针变量在使用时除定义外,还要赋值,否则容易引起程序运行错误。指针变量的赋值是对变量赋地址。具体而言就是将变量的地址赋给指针变量,如 int *p = &a 表示将变量 a 的地址赋给指针变量 p。在对指针变量赋值时,赋的是地址,不是具体的变量,不能出现诸如 int＊p;p＝0 这样的语句。同时,在指针变量前不允许加 ＊ 进行赋值,如 ＊p＝&a。

> **知识小贴士**
>
> 与指针运算有关的运算符有两个,分别为取址运算符 & 和取内容运算符 ＊。
>
> 取址运算符 & 是单目运算符,结合性从右至左,它的功能是取变量的地址。
>
> 取内容运算符 ＊ 是单目运算符,结合性从右至左,它是用来表示指针变量所指的变量。在 ＊ 运算符之后跟的变量必须是指针变量。需要注意的是,指针运算符 ＊ 和指针变量说明中的指针说明符 ＊ 不是一回事。在指针变量说明中,"＊"是类型说明符,表示其后的变量是指针类型。而表达式中出现的"＊"则是一个运算符,用以表示指针变量所指的变量。

四、任务实施

1. 电路搭建

微课视频

表 5.1.2　硬件电路图

名称	1 位数码管的显示控制电路图				检索编号		XM5-01-01	
硬件电路								
元件清单	编号	名称	参数	数量	编号	名称	参数	数量
	U1	单片机 AT89C51	DIP40	1	S1	微动开关	6＊6＊4.5	1
	R1	电阻	10 kΩ, 1/4 W,1%	1	R2—R9	电阻	470 Ω, 1/4 W,1%	8
	LED1	数码管	0.36 英寸(1 英寸=2.54 cm), 共阳,红色	1	C2、C3	瓷片电容	22 pF	2
	C1	电解电容	22 μF/25 V	1	Y1	晶体振荡器	12 MHz 49 s	1

2. 程序编写

表 5.1.3　程序编写表

名称	1 位数码管的显示控制程序编写		检索编号	XM5-01-02

	流程图		程序	注释
程序设计	主程序流程图	1	#include" reg51. h"	//包含头文件 reg51. h
		2	#define u8 unsigned char	//宏定义,用 u8 代替 unsigned char
		3	#define u16 unsigned int	//宏定义,用 u16 代替 unsigned int
		4	u8 code lednum [16] = { 0xc0, 0xf9, 0xa4, 0xb0, 0x99, 0x92, 0x82, 0xf8, 0x80, 0x90, 0x88, 0x83, 0xc6,0xa1,0x86,0x8e } ;	//共阳数码管 0—9、A—F 显示段码表
		5	void delay (u16 i)	/＊延时函数＊/
		6	{	
		7	while(i--) ;	//while 语句控制延时时间
		8	}	
		9	void main( )	/＊主函数＊/
		10	{	//程序开始
		11	u8 i;	
		12	P1 = 0xff;	//端口初始化,关显示
		13	for(i=0;i<16;i++)	//for 语句依次取数组中的值
		14	{	
		15	P1 =lednum[i] ;	//让 P1 口输出段码
		16	delay(1000) ;	//调用延时函数
		17	}	
		18	}	//程序结束
程序说明	第 2、3 行:define 是 C 语言中的预处理命令,它用于宏定义,相当于"替换"命令。在 2、3 行中,分别用 u8 和 u16 代替 unsigned char 和 unsigned int。在后续的程序中凡是 unsigned char 和 unsigned int 的地方都可以用 u8 和 u16,这样提高了程序的编写。			
	第 4 行:用一维数组定义了共阳数码管 0—9、A—F 的显示段码。其中,u8 是宏定义,表显示段码的数据类型是 unsigned char。code 表示一维数组的元素存放在程序存储器(ROM)中,而不是像普通变量一样存放在数据存储器(RAM)中。这样就可以节省数据存储器(RAM)的空间。lednum 表示数组名,后面括号中的数字表示数组的元素个数,可以省略不写。			
	第 15 行:使用 for 语句调用数组中的段码元素,逐一送给 P1 口显示。在进行数组引用时,数组中的第一个元素从下标 0 开始。			

编程小技巧

在 C 语言编程中,使用宏定义 define 会使程序的修改和移植便捷,可读性增强。除本任务的应用外,在一些数学计算中,可以用 define 定义一些固定的公式或特定的符号,让程序维护简单,如#define PI 3.1415926 表示用 PI 代替圆周率值参与计算。

51 单片机的数据存储器(RAM)容量有限,一些只供程序调用、无须修改的数据(如数码管显示段码、液晶显示字符)可以定义成 code 型,让数据存放在程序存储器(ROM)。

3. 软件仿真

微课视频

表 5.1.4　仿真任务单

任务名称	1 位数码管的显示控制仿真			检索编号	XM5-01-03
专业班级		任务执行人		接单时间	
执行环境	☑ 计算机:CPU 频率≥1.0 GHz,内存≥1 GB,硬盘容量≥40 G,操作平台 Windows ☑ Keil uVision4 软件　　　　　　　☑ Proteus 软件				

任务大项	序号	任务内容	技术指南
仿真电路图绘制	1	运行 Proteus 软件,设置原理图大小为 A4	运行 Proteus 软件,菜单栏中找到 system 并打开,选择"Set sheet sizes",选择图纸 A4。设置完成后,将图纸按要求命名和存盘
	2	在元件列表中添加表 5.1.2"元件清单"中所列元器件	元件添加时单击元件选择按钮"P(pick)",在左上角的对话框"keyword"中输入需要的元件名称。各元件的 Category(类别)分别为单片机 AT89C52(Microprocessor AT89C52)、晶振(CRYSTAL)、电容(CAPACITOR)、电阻(Resistors)、7 段红色共阳数码管(7SEG-COM-AN-GRN)
	3	将元件列表中元器件放置在图纸中	在元件列表区单击选中的元件,鼠标移到右侧编辑窗口中,鼠标变成铅笔形状,单击左键,框中出现元件原理图的轮廓图,可以移动。鼠标移到合适的位置后,按下鼠标左键,元件就放置在原理图中

续表

任务大项	序号	任务内容	技术指南
仿真电路图绘制	4	添加电源及地极	单击模型选择工具栏中的 图标,选择"POWER(电源)"和 GROUND(地极)"添加至绘图区
	5	按照表 5.1.2"硬件电路"将各个元器件连线	鼠标指针靠近元件的一端,当鼠标的铅笔形状变为绿色时,表示可以连线了,单击该点,再将鼠标移至另一元件的一端单击,两点间的线路就画好了
	6	绘制总线	在绘图区域单击鼠标右键,选择"Place",在下拉列表中选择"Bus"按键 Bus,或单击软件中 图标,可完成总线绘制
	7	放置网络端号	用总线连接的各个元件需要添加网络端号才能实现电气上的连接。具体方面:选择需要添加网络端号的引脚,单击鼠标右键,选择"Place Wire Label" Place Wire Label,在"String"对话框中输入网络端号名称,网络端号的命名要简单明了,如与 P1.0 口连接的 LED 可以命名成"P10"
	8	按照表 5.1.2"元件清单"中所列元器件参数编辑元件,设置各元件参数	双击元件,会弹出编辑元件的对话框。输入元器件参数。"component reference"输入编号。"Hidden"勾选就会隐藏前面选项
C 语言程序编写	9	运行 Keil 软件,创建任务的工程模板	运行 Keil 软件,创建工程模板,将工程模板按要求命名并保存
	10	录入表 5.1.3 中的程序	程序录入时,输入法在英文状态下。表单中"注释"部分是为方便程序阅读,与程序执行无关,可以不用录入
	11	程序编译	程序编译前,在 Target"Output 页"勾选"Create HEX File"选项,表示编译后创建机器文件,然后编译程序
	12	程序调试	如果没有包含"reg51.h"头文件,程序会报:error C202:'P0': undefined identifier
	13	输出机器文件	机器文件后缀为.hex,为方便使用,要和程序源文件分开保存

续表

任务大项	序号	任务内容	技术指南
仿真调试	14	程序载入	在 Proteus 软件中,双击单片机,单击 ,找到后缀名为 .hex 的存盘程序,导入程序
	15	运行调试	单击运行按钮 ▶ 开始仿真。在仿真运行时,红色小块表示电路中输出的高电平,蓝色小块表示电路中输出的低电平,灰色小块表示电路高阻态

4. 考核评价

表 5.1.5　任务考评表

名称		1 位数码管的显示控制任务考评表			检索编号		XM5-01-04
专业班级			学生姓名		总分		
考评项目	序号	考评内容	分值	考评标准		学生自评	教师评价
仿真电路图绘制	1	运行 Proteus 软件,按要求设置	5	软件不能正常打开扣 2 分,设置不正确每项扣 1 分			
	2	添加元器件	5	无法添加元件,或者元件添加错误,每处扣 1 分			
	3	修改元器件参数	5	元器件、文字符号错误或不符合行业规定,每处扣 1 分			
	4	元器件连线	10	元器件连接错误,电源连接错误,网络端号编写错误,每处扣 1 分;连线凌乱,电路图不美观酌情扣 1~3 分			
C 语言程序编写	5	运行 Keil 软件,创建任务的工程模板	5	软件设置不正确,每项扣 1 分;Keil 工程创建错误,工程设置错误,每处扣 1 分			
	6	程序编写	10	程序编写错误,不能排除程序错误,每处错误扣 1 分			
	7	程序编译	10	程序无法编译,不能排除错误,每处错误扣 1 分			

续表

考评项目	序号	考评内容	分值	考评标准	学生自评	教师评价
仿真调试	8	程序载入	5	程序载入错误,仿真不能按要求进行,每处扣1分		
	9	运行调试	5	程序调试过程不符合操作规程,每处扣1分		
道德情操	10	热爱祖国、遵守法纪、遵守校纪校规	10	非法上网,非法传播不良信息和虚假信息,每次扣5分。出现违规行为,成绩不合格		
	11	讲文明、懂礼貌、乐于助人	10	不文明实训,同学之间不能相互配合,有矛盾和冲突,每次扣5分		
专业素养	12	实训室设备摆放合理、整齐	5	不按规定摆放实训物品和学习用具,每处扣1分。随意挪动设备,更改计算机设置,发现一次扣1分		
	13	保持实训室干净整洁,实训工位洁净	5	乱摆放工具、乱丢弃杂物、实训结束后不清理实训工位,每处扣1分		
	14	遵守安全操作规程,遵守纪律,爱惜实训设备	5	不正确使用计算机,出现违反操作规程的(如非法关机),每次扣4.5分。故意损坏设备,照价赔偿		
	15	操作认真,严谨仔细,有精益求精的工作理念	5	操作粗心,实训敷衍,每次扣4.5分		
日期				教师签字:		

闯关练习

表 5.1.6　练习题

名称		闯关练习题			检索编号	XM5-01-05
专业班级			学生姓名		总分	
练习项目	序号	考评内容			学生答案	教师批阅
单选题 40分	1	下面用共阳数码管显示数字"5"的段码是(　　　)。 A.0xF9　　B.0xA4　　C.0x92　　D.0x82				

续表

练习项目	序号	考评内容	学生答案	教师批阅
单选题 40分	2	下面用共阳数码管显示数字"6"的段码是( )。 A.0x92 B.0xF8 C.0x82 D.0xF2		
	3	下列数组定义正确的是( )。 A.int a[3]={0,1,2,3}; B.int a[ ]={0,1,2,3}; C.int a[5]={0,1,2,3}; D.int a[4]={0 1 2 3};		
	4	下列( )是数码管的正确段码分布图。 		
判断题 60分	5	数组的第一个元素是从下标1开始的		
	6	C语言不允许对数组的大小作动态定义,如 int a[n]的定义就是错误的		
	7	在数组中,常量表达式要用方括号括起来,不能用圆括号,如 int a(10)是非法的		
	8	C语言规定只能逐个引用数组元素,而不能一次引用整个数组		
	9	51单片机一般采用软件译码或者硬件译码两种方式来控制数码管		
	10	共阳极数码管的8个发光二极管的阴极连接在一起,作为公共控制端(com),接高电平。阳极作为"段"控制端		
日期		教师签字:		

任务5.2 0—99 计数器设计

一、任务情境

计数器在工业控制和生产实际中应用广泛,如在电机控制中对旋转脉冲的计数,在生产中对产品个数计数。本任务是设计一个两位数的计数器,通过单片机控制,能够实现0到99的计数。要求计数器从00开始,计数间隔1 s,计数到99时变成00,依次循环。

微课视频

二、任务分析

1.硬件电路分析

本任务使用两位数码管作为计数器的显示部分。两位数码管显示控制有两种:静态显示控制和动态显示控制。

数码管静态显示的电路如图 5.2.1 所示。以共阳数码管为例,数码管的公共端接电源正极,每个数码管的控制端接单片机的 I/O 口。在单片机的 I/O 口输出显示的字型编码,对应的数码管就会显示相应的字符。

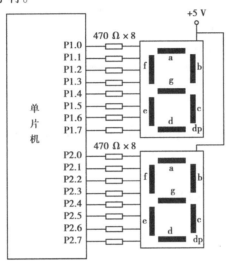

图 5.2.1   数码管静态显示电路图

数码管动态显示是数码管的控制端接到单片机同一个 I/O 口上,用于段控制。公共端通过三极管与电源相连,三极管的基极分别与单片机的 I/O 连接,用于位控制。如图 5.2.2 所示为两位共阳数码管动态显示电路图。显示原理:首先,P1.0 输出高电平,P1.1 输出低电平。三极管 V1 导通,V2 截止。对应的左侧数码管选通,P2 口送显示段码后,左侧数码管显示。其次,P1.0 输出低电平,P1.1 输出高电平。三极管 V1 截止,V2 导通。对应的右侧数码管选

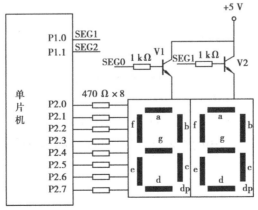

图 5.2.2   数码管动态显示电路图

通,P2 口送显示段码后,右侧数码管显示。在这种显示方式下,虽然两个数码管在同一时间接受了相同的段码,但通过位控制端的不断切换,当切换显示的频率高于人眼的识别速度,利用视觉暂留现象,就可以看到两个数码管显示不同的字符。

数码管静态显示比动态显示更消耗单片机 I/O 口资源。当数码管的位数超过 4 个时,51 单片机无法用静态显示控制数码管。动态显示虽然节约单片机 I/O 口,但是它的编程要比静态显示复杂,显示效果不及静态显示。

> **知识小贴士**
>
> 　　视觉暂留现象又称"余晖效应",表示人眼在观察景物时,光信号传入大脑神经,需经过一段短暂的时间,光的作用结束后,视觉形象并不立即消失,这种残留的视觉称为"后像",视觉的这一现象则被称为"视觉暂留"。对中等亮度的光刺激,视觉暂留时间为 0.1 ~ 0.4 s。老式胶片电影、我国"走马灯"都是利用这一效应工作的。

2. 软件设计分析

本任务要求计数间隔 1 s,需要软件实现 1 s 时间的精确定时。51 单片机在不扩展外围芯片的情况下,可以通过延时函数和定时器实现 1 s 定时。

前面的项目中已经介绍了延时函数的编写,但对延时精度没有介绍,这里介绍一种精确计算延时函数延时时间的方法,如下列程序段:

```
void delay100ms( void)
{   unsigned char i,j;
    for( i=0;i<250;i++)
    for( j=0;j<132;j++)
                    ;
}
```

在 Keil 中汇编后的代码如下:

```
C:0x0029    E4        CLR      A
C:0x002A    FF        MOV      R7,A
C:0x002B    E4        CLR      A
C:0x002C    FE        MOV      R6,A
C:0x002D    0E        INC      R6
C:0x002E    BE84FC    CJNE     R6,#0x84,C:002D
C:0x0031    0F        INC      R7
C:0x0032    BFFAF6    CJNE     R7,#0xFA,C:002B
```

上述代码中内循环的 for(j=0;j<132;j++)语句的汇编代码如下:

```
CLR      A
MOV      R6,A
INC      R6
CJNE     R6,#0x84,C:002D
```

执行一次"CLR"指令消耗 1 个机器周期;执行一次"MOV"指令消耗 1 个机器周期;执行一次"INC"指令消耗 1 个机器周期;执行一次"CJNE"指令消耗 2 个机器周期。内循环消耗的机器周期数是:

$N = 3n+2$

n 表示内循环的循环次数,当 n 较大时,上式可以近似写成:

$N = 3n$

外循环语句 for(i=0;i<250;i++)汇编后的代码如下:

```
CLR         A
MOV         R7,A
INC         R7
CJNE        R7,#0xFA,C:002B
```

由此可知,当内循环次数为 n,外循环次数为 m 时,它们消耗的机器周期数是:

$N = 3mn+5m+2$

当 n 较大时,上式可以近似写成:

$N = 3mn$

在采用 12 MHz 的晶振时,上面的延时函数的延时时间应该是 100.252 ms,近似认为是 100 ms。将这段程序运行 10 次就可以得到 1 s 的时间。

由此可知,在 C 语言中,由于 C 语言自身影响和晶体振荡频率的限制,用延时函数进行定时,很难做到精准。同时,用这样的延时函数进行编程,消耗了单片机大量的资源,在一些时效性要求高的场合,通常使用定时器进行定时,关于定时器的使用在知识链接模块中进行说明。

三、知识链接

1. 定数器/计数器的工作原理

微课视频

定时/计数器从大的角度分为计数器和定时器。计数功能的实质就是对外部脉冲进行计数。51 单片机有 T0(P3.4)和 Tl(P3.5)两个信号引脚,可以作为两个计数器的计数输入端,外部输入的脉冲在负跳变时计数器加 l 计数,直至计数器产生溢出。如图 5.2.3 所示为定时/计数器示意图。

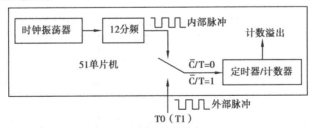

图 5.2.3　定数器/计数器工作示意图

定时是通过计数器的计数来实现的。不同于外部计数,定时脉冲来自单片机的内部,每个机器周期产生一个计数脉冲,定时器就会加 1。当到达定时器设置最大值时,就产生一个溢出信号给 CPU,CPU 检查到溢出信号后就会停止正在执行的程序,转向定时程序。

51 单片机的定时器/计数器在工作时,不占用 CPU 的执行时间。定时器/计数器的工作与 CPU 的工作是并行的。直到它有溢出信号给 CPU 时,CPU 才会处理"计数满"或"时间到"后的任务。其他时间它们是相互独立的。定时器/计数器的使用,可以极大地节约 CPU 的资源。

2.定时器/计数器的结构

51 单片机定时器/计数器的结构如图 5.2.4 所示。定时器/计数器主要由特殊功能寄存器 TH0、TL0、TH1、TL1、TMOD 和 TCON 组成。其中,TH0(高 8 位)、TL0(低 8 位)构成 16 位计数器,用来存放定时器 T0 的计数初值;TH1(高 8 位)、TL1(低 8 位)构成 16 位计数器,用来存放定时器 T1 的计数初值;TMOD 用来控制两个定时器/计数器的工作方式;TCON 用作中断溢出标志并控制定时器的启停。定时器/计数器 T0 和 T1 是 16 位的加 1 计数器,都可由软件设置为定时或计数的工作方式,其中 T1 还可作为串行口的波特率发生器。

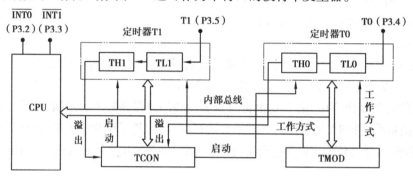

图 5.2.4　定时器/计数器的结构图

3.定时器/计数器的控制

(1)定时器/计数器工作方式寄存器 TMOD

TMOD 是定时器/计数器工作方式寄存器,其功能是控制定时器/计数器 T0、T1 的工作方式。它的字节地址是 89H,不能进行位操作,只能通过给寄存器整体赋值的方式进行初始化,其格式见表 5.2.1。

表 5.2.1　定时器/计数器工作方式寄存器 TMOD 的格式

位序	D7	D6	D5	D4	D3	D2	D1	D0
符号	GATE	$C/\overline{T}$	M1	M0	GATE	$C/\overline{T}$	M1	M0

其中,低 4 位是 T0 的工作方式字段,高 4 位是 T1 的工作方式字段,它们的含义完全相同。各字段的功能如下:

①M0,M1:工作方式选择位,含义见表 5.2.2。

表 5.2.2 定时器/计数器工作方式选择表

M1 M0	工作方式	说明
0 0	方式 0	13 位计时器,TH0 的 8 位和 TL0 的低 5 位,最大计数值 $2^{13}=8\,192$
0 1	方式 1	16 位计时器,TH0 的 8 位和 TL0 的 8 位,最大计数值 $2^{16}=65\,536$
1 0	方式 2	初值自动重装的 8 位计时器,最大计数值 $2^8=256$
1 1	方式 3	T0 分成两个独立的计时器,T1 停止工作

②GATE:门控制位。当 GATE=0 时,只要用软件使寄存器 TCON 中的 TR0 和 TR1 置 1,就可以启动定时器/计数器工作;当 GATE=1 时,除了需要将 TR0 和 TR1 置 1,还需要外部中断引脚 $\overline{INT0}$(P3.2)或 $\overline{INT1}$(P3.3)为高电平才能启动相应的定时器。

③ C/$\overline{T}$:功能选择位。C/$\overline{T}$=0 时,设置为定时器工作方式;C/$\overline{T}$=1 时,设置为计数器工作方式。

(2)定时器/计数器控制寄存器 TCON

TCON 的主要功能是控制定时器的启动、停止,标示定时器的溢出和中断情况。其字节地址是 88H,与工作方式寄存器 TMOD 不同,控制寄存器 TCON 可以进行按位寻址,格式见表 5.2.3。

表 5.2.3 定时器/计数器控制寄存器 TCON 的格式

位地址	Ox8F	0x8E	0x8D	0x8C	0x8B	0x8A	0x89	0x88
位符号	TF1	TR1	TF0	TR0	IE1	IT1	IE0	IT0

TCON 的高 4 位用于控制定时器/计数器的启动和中断申请,低 4 位用于控制外部中断,与定时器/计时器无关。各位的功能见表 5.2.4。

表 5.2.4 控制寄存器 TCON 各位含义

控制位	位名称		说明
TF1	T1 溢出中断标志位	TCON.7	当定时器/计数器工作产生溢出时,TF1 由硬件自动值"1"表示定时器/计数器有中断请求。转入中断服务程序后,由硬件自动清零。用作查询方式时,此位可以作为查询状态时供使用,但查询完成后要用软件及时清零
TR1	T1 启/停止控制位	TCON.6	编程时,将 TR1 置"1"启动定时器/计数器工作;置"0"关闭定时器/计数器工作
TF0	T0 溢出中断标志位	TCON.5	同 TF1
TR0	T0 启/停控制位	TCON.4	同 TR1

4. 定时器/计数器的工作方式

微课视频

51 单片机的定时器/计数器共有 4 种工作方式,由寄存器 TMOD 的 M1、M0 位进行控制。两个定时器/计数器的工作方式相同,以定时器/计数器 T0 为例进行介绍。

(1) 工作方式 0

工作方式 0 是 13 位计数结构的工作方式。定时器/计数器工作在方式 0 下,计数器由 TH0 的 8 位和 TL0 的低 5 位构成,TL 的高 3 位未用。如图 5.2.5 所示为工作方式 0 的逻辑电路结构图。

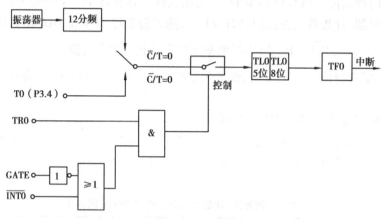

图 5.2.5   T0 工作方式 0 的逻辑电路结构图

当 $C/\overline{T}=0$ 时,多路开关接通振荡脉冲的 12 分频输出,13 位计数器以此进行计数,这是定时方式。

当 $C/\overline{T}=1$ 时,多路开关接通计数引脚 P3.4(T0),外部计数脉冲由引脚 P3.4 输入。当计数脉冲发生负跳变时,计数器加 1,这就是计数方式。

不管是定时方式还是计数方式,当 TL0 的低 5 位计数溢出时,向 TH0 进位。全部 13 位计数溢出时,向计数溢出标志位 TF0 进位。在满足中断条件时,向 CPU 申请中断,若需继续进行定时或计数,需要用指令对 TL0、TH0 重新置数,否则下一次计数将会从 0 开始,造成计数或定时时间不准确。

当 GATE=0 时,或门封锁,$\overline{INT0}$ 信号无效。或门输出常为 1,打开与门,TR0 直接控制 T0 的启动与关闭。TR0=1,接通控制开关,T0 从初值开始计数直到溢出;TR0=0,与门封锁,控制开关断开,计数停止。

当 GATE=1 时,与门的输出由 $\overline{INT0}$ 的输出电平和 TR0 位的状态来决定。如果 TR0=1,则与门打开,外部信号通过 $\overline{INT0}$ 引脚直接控制 T0 的开启和关闭。当 $\overline{INT0}$ 为高电平时,允许计数,否则停止计数。如果 TR0=0,则与门被封锁,控制开关被关闭,计数停止。

(2) 工作方式 1

工作方式 1 是 16 位计数结构的工作方式,计数器由 TH0 的 8 位和 TL0 的 8 位构成。其逻辑电路和工作情况与工作方式 0 基本相同,如图 5.2.6 所示为工作方式 1 的逻辑电路结构图。与工作方式 0 不同,工作方式 1 计数范围更宽。在实际应用中工作方式 1 可以代替工作方式 0。

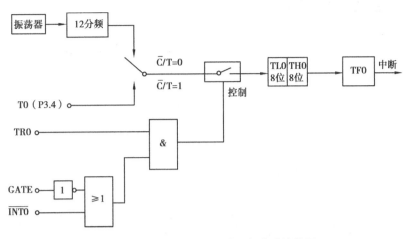

图 5.2.6　T0 工作方式 1 的逻辑电路结构图

（3）工作方式 2

工作方式 2 将 16 位计数器分为两个部分：TL0 作计数器；TH0 作预置寄存器。初始化时把计数初值分别装入 TL0 和 TH0 中。当计数溢出后，不是像前两种工作方式那样通过软件方法，而是由预置寄存器 TH0 以硬件方法自动给计数器 TL0 重新加载。变软件加载为硬件加载。这样不但省去了用户程序中的重装指令，而且有利于提高定时精度。其逻辑电路如图 5.2.7 所示。

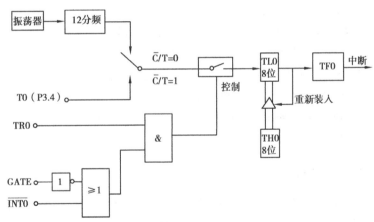

图 5.2.7　T0 工作方式 2 的逻辑电路结构图

（4）工作方式 3

工作方式 3 的作用比较特殊，只适用于定时器 T0。如果将定时器 T1 置为方式 3，则它将停止计数。当 T0 工作在方式 3 时，它被拆成两个独立的 8 位计数器 TL0 和 TH0，其逻辑电路结构如图 5.2.8 所示。

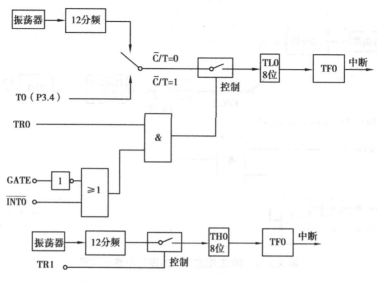

图 5.2.8　T0 工作方式 3 的逻辑电路结构图

在工作方式 3 中,TL0 占用 T0 的控制位、引脚和中断源,包括 C/$\overline{T}$、GATE、TR0、TF0 和 T0 (P3.4)引脚、$\overline{INT0}$(P3.2)引脚。TL0 既可以计数使用,又可以定时使用,其功能和操作与前面介绍的工作方式 0 或工作方式 1 完全相同。TH0 只能作为简单的定时器使用。由于定时器/计数器 T0 的控制位被 TL0 占用,因此只好借用定时器/计数器 T1 的控制位 TR1、TF1 和 T1,即以计数溢出去置位 TF1,而定时的启动和停止则受 TR1 的状态控制。

当定时器/计数器 T0 工作在工作方式 3,定时器/计数器 T1 只能工作在工作方式 0、工作方式 1 或工作方式 2 时,它的控制位 TR1、TF1 已被定时器/计数器 T0 借用。在这种情况下,定时器/计数器 T1 通常是作为串行口的波特率发生器使用,以确定串行通信的速率,没有计数溢出标志位 TF1 可供使用,只能把计数溢出直接送给串行口。在这种工作方式下,只需设置好工作方式,定时器就可自动运行。如要停止工作,需要送入一个设置 T1 为工作方式 3 的方式控制字。

5. 定时器/计数器初值计算

51 单片机中 T0 和 T1 都是增量计时器,不能直接将计数器的值作为初值放入寄存器中,需要将计数器的最大值减去实际要计数的值的差存入寄存器中。可以采用以下公式进行初值计算:

计数初值 = 2^n - 计数值

式中,n 为由工作方式决定的计时器位数。

例如,当 T0 工作在工作方式 0 时,$n=13$,最大计数值为 8 192,如果要定时 5 ms,初值设置为:

TH0 = (8 192-5 000)/32

TL0 = (8 102-5 000)%32

微课视频

四、任务实施

1. 电路搭建

表 5.2.5　硬件电路图(一)

名称	0—99 计数器设计电路图(一)			检索编号		XM5-02-01	
硬件电路	U1 单片机电路图（含 +5 V，C1，S1，RST，R17，C2，C3，Y1，XTAL2，XTAL1，GND，Vcc，EA，P1.0~P1.7，P2.0~P2.7，R1~R8，R9~R16，LED1，LED2）						
元件清单	编号	名称	参数	数量	编号	名称	参数	数量

编号	名称	参数	数量	编号	名称	参数	数量
U1	单片机 AT89C51	DIP40	1	R1—R16	电阻	480 Ω, 1/4 W,1%	16
R17	电阻	10 kΩ, 1/4 W,1%	1	S1	微动开关	6*6*4.5	1
C1	电解电容	22 μF/25 V	1	C2、C3	瓷片电容	22 pF	2
Y1	晶体振荡器	12 MHz 49 s	1	LED1、LED2	数码管	0.36 英寸, 共阳,红色	2

表 5.2.6　硬件电路图(二)

名称	0—99 计数器设计电路图(二)	检索编号	XM5-02-02

元件清单

编号	名称	参数	数量	编号	名称	参数	数量
U1	单片机 AT89C51	DIP40	1	R1—R8	电阻	480 Ω, 1/4 W,1%	16
R9、R10	电阻	1 kΩ, 1/4 W,1%	2	R11	电阻	10 kΩ, 1/4 W,1%	1
S1	微动开关	6 * 6 * 4.5	1	C1	电解电容	22 μF/25 V	1
C2、C3	瓷片电容	22 pF	2	Y1	晶体振荡器	12 MHz 49 s	1
LED1、LED2	数码管	0.36 英寸, 共阳,红色	2	V1、V2	三极管 s8050	TO-92	2

微课视频

2. 程序编写

表 5.2.7　程序编写表（一）

名称	0—99 计数器设计程序编写（一）		检索编号	XM5-02-03
	流程图	程序		注释
数码管驱动子程序设计	开始 关显示，防重影 送十位显示段码 送十位显示位码 关显示，防重影 送个位显示位码 送个位显示位码 结束 数码管动态显示流程图	1　#include" reg51. h"		//包含头文件 reg51. h
		2　#define uchar unsigned char		
		3　uchar code lednum[10] = {0xc0, 0xf9, 0xa4, 0xb0, 0x99,0x92,0x82,0xf8,0x80, 0x90} ;		//共阳数码管 0—9 段码
		4　void display_Sn (uchar i)		/＊数码管静态显示函数＊/
		5　{		
		6　P2 = lednum[i/10] ;		//输出十位值
		7　P1 = lednum[i%10] ;		//输出个位值
		8　}		
		9　void display_Dy(uchar i)		/＊数码管动态显示驱动函数＊/
		10　{		
		11　uchar j;		
		12　P2 = 0xff;		
		13　P0 = lednum[i/10] ;		//输出十位值
		14　P2 = 0xfe;		
		15　for(j=0;j<100;j++) ;		
		16　P2 = 0xff;		
		17　P0 = lednum[i%10] ;		//输出个位值
		18　P2 = 0xfd;		
		19　for(j=0;j<100;j++) ;		
		20　}		
主程序设计	见后页	1　#include"SMG. c"		//调用数码管驱动子程序
		2　void delay100ms(void)		/＊ 0.1s 延时函数＊/
		3　{		
		4　uchar i,j;		
		5　for(i=0;i<250;i++)		
		6　for(j=0;j<132;j++)		

续表

名称	0—99 计数器设计程序编写(一)		检索编号	XM5-02-03

主程序设计	流程图	程序		注释
		7	;	
		8	}	
		9	void delay1s(void)	/* 1s 延时函数 */
		10	{	
		11	uchar i;	
		12	for(i=0;i<10;i++)	
		13	delay100 ms( ) ;	
		14	}	
		15	void main( )	/* 主函数 */
		16	{	
		17	unsigned char i;	
		18	while(1)	//无限循环
		19	{	
		20	for(i=0;i<=99;i++)	//99 s 计数设置
		21	{	
		22	display_Sn(i) ;	//输出计数值
		23	delay1s( ) ;	//调用 1 s 延时函数
		24	}	
		25	}	
		26	}	

流程图部分：

```
      开 始
        |
   初始化: i=0
        |
        |←─────┐
        ↓      |
     i<100? ─N─┘
        |
        Y
        ↓
      送显i值
        |
        ↓
   调用1s延时函数
```

主函数流程图

程序说明

一、数码管驱动子程序设计

该子程序包含了数码管静态显示和动态显示两种方式下的驱动程序。

第4—8行:数码管静态显示驱动函数。

第6行:"除"运算取出显示变量 i 的十位,送单片机 P2 口,控制显示十位的数码管。

第7行:"余"运算取出显示变量 i 的个位,送单片机 P1 口,控制显示个位的数码管。

第9—20行:数码管动态显示驱动函数。数码管动态显示的驱动函数利用人眼的"余晖效应"进行编写。第12—15行是十位显示代码,第16—19行是个位显示代码。两段代码编写形式相同,以十位显示代码为例进行说明。

第12行:关闭数码管"位"控制端,防止数码管显示时出现"拖影"的现象。

第13、14行:通过"除"运算,取出显示变量 i 的十位,送单片机 P0 口。同时,通过"P2 = 0xfe"选通对应的十位数码管。

续表

程序说明	二、主程序设计 　　主程序的主要功能是要实现 1 s 的精确定时。通过"软件设计分析"模块中的介绍可知,在 12 MHz 晶振频率下,两个 for 语句构成的嵌套循环时间为 3mn+5m+2(n 是内循环次数,m 是外循环次数)。在 0.1 s 延时函数中(第 2—8 行),两个 for 循环(第 5、6 行)的延时时间为 3×250×132+5×250+2≈0.1 s。 　　第 9—14 行:1s 延时函数。通过调研 0.1 s 延时函数(第 13 行),让它循环 10 次(第 12 行),实现 1 s 延时功能。 　　第 22 行:调用数码管静态显示驱动函数,实现数码管的静态显示(表 5.2.5 原理图)。如果实现数码管动态显示(表 5.2.6 原理图),需要调用动态显示驱动函数"display_Dy(i);"。

表 5.2.8　程序编写表(二)

名称	0—99 计数器设计程序编写(二)		检索编号	XM5-02-04

程序设计	流程图		程序	注释
	主函数流程图 开始 ↓ 定时器T0初始化 ↓ 无限循环 ↓ 调用显示函数	1	#include" SMG. c"	//调用数码管驱动子程序
		2	unsigned char count＝0;	//50 ms 定时计数
		3	unsigned char second＝0;	//秒计时
		4	void main(void)	/＊主函数＊/
		5	{	
		6	TMOD＝0x01;	//设置 T0 为工作方式 1
		7	TH0＝(65536－50000)/256;	//设置 T0 的高 8 位,定时时间 50 ms
		8	TL0＝(65536－50000)%256;	//设置 T0 的低 8 位
		9	EA＝1;	//开启总中断
		10	ET0＝1;	//开 T0 中断允许
		11	TR0＝1;	//启动 T0 开始计数
		12	while(1)	
		13	{	
		14	display_Sn(second) ;	//调用秒的显示子程序
		15	}	
		16	}	/＊定时器 T0 中断函数＊/
		17	void time_0(void) interrupt 1	//定时器 T0 的中断类型号为 1
		18	{	
		19	TH0＝(65536－46083)/256;	//重新给定时器 T0 赋初值
		20	TL0＝(65536－46083)%256;	

续表

名称	0—99 计数器设计程序编写(二)		检索编号	XM5-02-04

<table>
<tr><th rowspan="10">程序设计</th><th>流程图</th><th colspan="2">程序</th><th>注释</th></tr>
<tr><td rowspan="9">见前页</td><td>21</td><td>count ++;</td><td>//每来一次中断,中断次数 count 自加 1</td></tr>
<tr><td>22</td><td>if(count = =20)</td><td>//够 20 次中断,即 1 s 进行一次检测结果采样</td></tr>
<tr><td>23</td><td>{</td><td></td></tr>
<tr><td>24</td><td>count = 0;</td><td>//中断次数清 0</td></tr>
<tr><td>25</td><td>second++;</td><td>//秒加 1</td></tr>
<tr><td>26</td><td>if(second = =100)</td><td></td></tr>
<tr><td>27</td><td>second = 0;</td><td>//秒等于 60 就返回 0</td></tr>
<tr><td>28</td><td>}</td><td></td></tr>
<tr><td>29</td><td>}</td><td></td></tr>
</table>

程序说明

　　该程序的功能是通过定时器/计数器实现 1 s 时间的定时。不同于表5.2.7采用延时函数实现 1 s 定时。采用定时器/计数器定时不消耗 CPU 资源,定时精度高。

　　第6行:定时器 T0 设置为工作方式 1,16 位定时器。晶振频率为 12 MHz 时,最大定时值 65.535 ms。

　　第7、8行:定时器 T0 赋初值。晶振频率为 12 MHz 时,定时 50 ms,需要最大值 65.535 ms 减去 50 ms。差值通过"除"运算,取出商数赋给定时器 T0 的高位寄存器(第7行)。差值通过"余"运算,取出余数赋给定时器 T0 的低位寄存器(第8行)。

　　第9—11行:设置定时器/计数器控制寄存器 TCON。定时器/计数器设置一般流程是开启总中断 (EA=1),开启相应定时器的中断(ET0=1),最后启动该定时器(TR0=1)。不同于工作方式寄存器 TMOD 的整体赋值,控制寄存器 TCON 可以按位操作。

　　第14行:调用数码管静态显示驱动函数,实现数码管的静态显示(表5.2.5原理图)。如果实现数码管动态显示(表5.2.6原理图),需要调用动态显示驱动函数"display_Dy(i);"。

　　第17行:定时器/计数器中断函数。中断函数不能传递参数,也不能有返回值。函数名可以按照变量命名规则命名,中断编号见表5.3.7。

　　第19、20行:定时器 T0 的初值重装。定时器 T0 工作在方式 1 下时,它的初值需要软件重载。

　　第21—24行:1 s 定时判断程序段。通过初值设置,该定时器 T0 在 50 ms 时响应一次。定义变量"count",当定时器 T0 每响应 1 次,count 加 1。当 count 等于 20 时,定时器 T0 定时时间为 50×20 = 1 000 ms。此时 1 s 定时时间到,count 清零。

编程小技巧

定时器/计数器中断函数编写注意事项:

第一,主函数和定时器/计数器中断函数是两个相对独立的函数。主函数不能嵌套调用定时器/计数器中断函数,也不能向定时器/计数器中断函数传递参数。

第二,程序在执行时,主函数和定时器/计数器中断函数并行运行。主函数可以设置定时器/计数器中断函数的运行方式,定时器/计数器中断函数在定时器时间到后,给主函数一个相应信号,告诉主函数已经完成了定时功能,其他时间定时器/计数器中断函数都是独立运行。

第三,定时器/计数器中断函数编写是中断程序的一类,它的优先级和中断编号详见下一任务的"知识链接"模块。

微课视频

3. 软件仿真

表5.2.9 仿真任务单

任务名称	0-99 计数器设计仿真		检索编号	XM5-02-05
专业班级		任务执行人	接单时间	
执行环境	☑ 计算机:CPU 频率≥1.0 GHz,内存≥1 GB,硬盘容量≥40 GB,操作平台 Windows ☑ Keil uVision4 软件　　　☑ Proteus 软件			

任务大项	序号	任务内容	技术指南
仿真电路图绘制	1	运行 Proteus 软件,设置原理图大小为 A4	运行 Proteus 软件,菜单栏中找到 system 并打开,选择"Set sheet sizes",选择图纸 A4。设置完成后,将图纸按要求命名和存盘。
	2	在元件列表中添加表单 5.2.1 或表单 5.2.2"元件清单"中所列元器件。	元件添加时单击元件选择按钮"P"(pick),在左上角的对话框"keyword"中输入需要的元件名称。各元件的 Category(类别)分别是:单片机 AT89C52(Microprocessor AT89C52),晶振(CRYSTAL),电容(CAPACITOR),电阻(Resistors),三极管(PN930),7 段红色共阳数码管(7SEG-COM-AN-GRN)。
	3	将元件列表中元器件放置在图纸中。	在元件列表区单击选中的元件,鼠标移到右侧编辑窗口中,鼠标变成铅笔形状,单击左键,框中出现元件原理图的轮廓图,可以移动。鼠标移到合适的位置后,按下鼠标左键,元件就放置在原理图中。

续表

任务大项	序号	任务内容	技术指南
仿真电路图绘制	4	2位共阳数码管连接	数码管电路有两种,一种是按照表单5.2.1"硬件电路"所示的静态显示电路连接;另一种是按照表单5.2.2"硬件电路"所示的动态显示电路连接。在仿真时,动态显示电路中三极管驱动部分可以用反相器(74LS04)代替。
	5	添加电源及地极	点击模型选择工具栏中的 图标,选择"POWER"(电源)和"GROUND"(地极)添加至绘图区。
	6	按照表单5.2.1或表单5.2.2"硬件电路"将各个元器件连线	鼠标指针靠近元件的一端,当鼠标的铅笔形状变为绿色时,表示可以连线了,单击该点,再将鼠标移至另一元件的一端单击,两点间的线路就画好了。
	7	按照表单5.2.1或表单5.2.2"元件清单"中所列元器件参数编辑元件,设置各元件参数。	双击元件,会弹出编辑元件的对话框。输入元器件参数。"component reference"输入编号。"Hidden"勾选就会隐藏前面选项。
C语言程序编写	8	运行Keil软件,创建任务的工程模板	运行Keil软件,创建工程模板,将工程模板按要求命名并存盘。
	9	程序编译	程序编译前,在Target"Output页"勾选"Create HEX File"选项,表示编译后创建机器文件,然后编译程序。
	10	程序调试	如果没有包含"reg51.h"头文件,程序会报:error C202:'P0':undefined identifier。
	11	输出机器文件	机器文件后缀为.hex,为方便使用,要和程序源文件分开保存。
仿真调试	12	程序载入	在Proteus软件中,双击单片机,单击 ,找到后辍名为.hex的存盘程序,导入程序。
	13	运行调试	单击运行按钮 开始仿真。在仿真运行时,红色小块表示电路中输出的高电平,蓝色小块表示电路中输出的低电平,灰色小块表示电路高阻态。

微课视频

4. 实物制作

表 5.2.10 实物制作工序单

任务名称		0-99 计数器实物制作工序单		检索编号	XM5-02-06
专业班级			小组编号	小组负责人	
小组成员				接单时间	
工具、材料、设备		计算机、恒温焊台、直流稳压可调电源、万用表、双踪示波器、元器件包、任务 PCB 板、电子焊接工具包、SPI 下载器			

工序名称	工序号	工序内容	操作规范及工艺要求	风险点
任务准备	1	技术交底会	掌握工作内容,落实工作制度和"四不伤害"安全制度	对工作制度和安全制度落实不到位
	2	材料领取	落实工器具和原材料出库登记制度	工器具领取混乱,工作场地混乱
元件检测	3	对照表 5.2.5 或表 5.2.6 "元件参数",检测各个元器件	落实《电子工程防静电设计规范》(GB 50611—2010)	(1)人体静电击穿损坏元器件 (2)漏检或错检元器件
焊接	4	单片机最小系统焊接	参见表 1.1.2	参见表 1.1.2
	5	发光二极管和限流电阻焊接	(1)操作时要戴防静电手套和防静电手腕,电烙铁要接地 (2)焊接温度 260 ℃,3 s 以内 (3)焊点离封装大于 2 mm	(1)发光二极管静电击穿 (2)发光二极管高温损坏 (3)发光二极管极性焊错
调试	6	无芯片短路测试	在没有接入单片机时,电源正负接线柱电阻接近无穷	(1)电源短路 (2)器件短路
	7	无芯片开路测试	LED 正向能导图,反向截止,相当于开路	焊接不到位引起的开路
	8	无芯片功能测试	(1)开、短路测试通过后接入电源 (2)电源电压调至 5 V,接入电路板电源接口 (3)测试端子 P1 接电源负极,观察 LED 是否发光	(1)电路板带故障开机 (2)电源接入前要填好电压,关机后再接入电路板,接线完成再开机。防止操作不符合规范,引起电路板烧坏
	9	程序烧写	分别烧入表 5.2.7 和表 5.2.8 中的程序	程序无法烧写

续表

工序名称	工序号	工序内容	操作规范及工艺要求	风险点
调试	10	带芯片测试	如果数码管显示不正常,查看下面几点:①单片机工作电压是否正常;②复位电路是否正常;③晶振及两个电容的数值是否正确,万用表测量单片机晶振的两个管脚,大约 2 V;④数码管是否损坏	(1)单片机不能正常工作 (2)数码管不能正常显示
任务结束	11	工作场所清理	符合企业生产"6S"原则,做到"工完、料尽、场地清"	
	12	材料归还	落实工器具和原材料入库登记制度,耗材使用记录和实训设备使用记录	工器具归还混乱,耗材及设备使用未登记
	13	任务总结会	总结工作中的问题和改进措施	总结会流于形式,工作总结不到位
时间		教师签名:		

5. 考核评价

表 5.2.11　任务考评表

名称			0-99 计数器设计任务考评表			检索编号		XM5-02-07
专业班级			学生姓名			总分		
考评项目	序号	考评内容		分值	考评标准		学生自评	教师评价
仿真电路图绘制	1	运行 Proteus 软件,按要求进行设置		5	软件不能正常打开扣 2 分,设置不正确每项扣 1 分			
	2	添加元器件		5	无法添加元件,或者元件添加错误,每处扣 1 分			
	3	修改元器件参数		5	元器件、文字符号错误或不符合行业规定,每处扣 1 分			
	4	元器件连线		10	元器件连接错误,电源连接错误,网络端号编写错误,每处扣 1 分;连线凌乱,电路图不美观酌情扣 1~3 分			

续表

考评项目	序号	考评内容	分值	考评标准	学生自评	教师评价
C 语言程序编写	5	运行 Keil 软件,创建任务的工程模板	5	软件设置不正确,每项扣 1 分；Keil 工程创建错误,工程设置错误,每处扣 1 分		
	6	程序编写	10	程序编写错误,不能排除程序错误,每处错误扣 1 分		
	7	程序编译	10	程序无法编译,不能排除错误,每处错误扣 1 分		
仿真调试	8	程序载入	5	程序载入错误,仿真不能按要求进行,每处扣 1 分		
	9	运行调试	5	程序调试过程不符合操作规程,每处扣 1 分		
道德情操	10	热爱祖国、遵守法纪、遵守校纪校规	10	非法上网,非法传播不良信息和虚假信息,每次扣 5 分。出现违规行为,成绩不合格		
	11	讲文明、懂礼貌、乐于助人	10	不文明实训,同学之间不能相互配合,有矛盾和冲突,每次扣 5 分		
专业素养	12	实训室设备摆放合理、整齐	5	不按规定摆放实训物品和学习用具,每处扣 1 分。随意挪动设备,更改计算机设置,发现一次扣 1 分		
	13	保持实训室干净整洁,实训工位洁净。	5	乱摆放工具、乱丢弃杂物、实训结束后不清理实训工位,每处扣 1 分		
	14	遵守安全操作规程,遵守纪律,爱惜实训设备	5	不正确使用计算机,出现违反操作规程的(如非法关机),每次扣 4.5 分。故意损坏设备,照价赔偿		
	15	操作认真,严谨仔细,有精益求精的工作理念	5	操作粗心,实训敷衍,每次扣 4.5 分		
日期				教师签字:		

闯关练习

表 5.2.12   练习题

名称		闯关练习题		检索编号	XM5-02-08
专业班级		学生姓名		总分	
练习项目	序号	考评内容		学生答案	教师批阅

单选题 50分	1	在采用6 MHz的晶振下,下面的延时函数的延时时间应该是( )。
		
		void delay100ms(void)
		{ unsigned char i,j;
		    for(i=0;i<250;i++)
		    for(j=0;j<132;j++) //参数比较,决定是否继续循环
		    ;
		}
		A. 大约20 ms B. 大约50 ms
		C. 大约100 ms D. 大约200 ms			

	2	( )寄存器用来控制两个定时器/计数器的工作方式。 A. TCON B. TMOD C. TH0 D. TL0			
	3	将定时器设置成工作方式1,M1和M0的值分别为( )。 A. 00 B. 01 C. 10 D. 11			
	4	当T0工作在工作方式0时,如果要定时5 ms,初值设置为( )。 A. TH0=(65536−5000)/32; TL0=(65536−5000)%32; B. TH0=(8192−5000)/32; TL0=(8102−5000)%32; C. TH0=(8192−5000)/256; TL0=(8102−5000)%256; D. TH0=(65536−5000)/256; TL0=(65536−5000)%256;			
	5	定时器在( )工作方式下,初值由硬件方法自动加载。 A. 方式0 B. 方式1 C. 方式2 D. 方式3			
判断题 50分	6	计数功能的实质就是对外来脉冲进行计数。51单片机有T0(P3.4)和T1(P3.5)两个信号引脚,分别是这两个计数器的计数输入端。外部输入的脉冲在负跳变时有效,进行计数器加1(加法计数)			
	7	定时是通过计数器的计数来实现的,不过此时的计数脉冲来自单片机的内部,即每个机器周期产生一个计数脉冲,也就是每个机器周期计数器加1			

续表

练习项目	序号	考评内容	学生答案	教师批阅
判断题 50 分	8	只有定时器 T0 可由软件设置为定时或计数的工作方式，T1 可作为串行口的波特率发生器		
	9	TMOD 是定时器/计数器工作方式寄存器，其功能是控制定时器/计数器 T0、T1 的工作方式。它的字节地址是 89H，并且不能进行位操作，只能通过给寄存器整体赋值的方式进行初始化		
	10	TCON 的主要功能是控制定时器的启动、停止，标示定时器的溢出和中断情况。其字节地址是 88H 与工作方式寄存器 TMOD 不同，控制寄存器 TCON 可以进行按位寻址		
日期		教师签字：		

任务 5.3　简易电子钟设计

一、任务情境

时钟是人们生活中不可或缺的东西。随着科技的发展，市面上的时钟形式各样，功能各不相同。本任务是设计一个简单的电子钟，设计要求如下：

①用 8 位 LED 数码管显示时钟信息，显示内容有时、分、秒。

②具有校时功能，具有闹钟功能，各个按键的功能如下：

1#键：时钟参数修改功能选择键。按 1 次修改"秒"，按两次修改"分"，按 3 次修改"时"，按 4 次确认修改完成。

2#键：闹钟设置功能选择键。按 1 次修改"分"，按两次修改"时"，按 3 次确认修改完成。

3#键：增 1 功能键。每按一次，定义 1#、2#键选择结果的单元内容加 1，修改时、分、秒的值。

二、任务分析

在不使用专用时钟芯片（如 DS1302、PCF8563）的情况下，可以使用单片机片内定时器来实现电子钟设计，系统框图如图 5.3.1 所示。

微课视频

图 5.3.1　系统框图

由系统框图可知，本任务由单片机控制单元、数码管显示电路、独立键盘输入电路和蜂鸣器电路组成。

　　数码管显示电路采用 8 位共阳数码管。51 单片机驱动多位数码管与驱动多位 LED 相似,存在 I/O 口数量不足和驱动能力不足的情况。在不加驱动芯片时,可以采用如图 5.2.2 所示数码管动态显示电路图中三极管驱动的形式,也可以与 LED 扩展电路一样,使用译码器(如 74HC138)、锁存器(如 74HC573)和触发器(如 74HC574)进行电路链接。

　　用于数码管驱动和单片机 I/O 口扩展的触发器芯片有很多,比较典型的有 74HC574。它是一个具有三态输出的 D 类触发器,其引脚图如图 5.3.2 所示,功能见表 5.3.1。

OE	1	20	Vcc
1D	2	19	1Q
2D	3	18	2Q
3D	4	17	3Q
4D	5	16	4Q
5D	6	15	5Q
6D	7	14	6Q
7D	8	13	7Q
8D	9	12	7Q
GND	10	11	CLK

图 5.3.2　74HC574 引脚图

表 5.3.1　74HC574 引脚功能表

编号	符号	引脚功能
1	OE	输出使能端
2—9	D1—D8	数据输入端
11	CLK	时钟输入(边沿触发)
12—19	Q8—Q1	数据输出端
10	GND	电源负极
20	Vcc	电源正极

　　表 5.3.2 为 74HC754 真值表,由表可知,在 OE 低电平时,CLK 上升沿时,Q 紧随输入状态变化。在 OE、CLK 低电平时,输出端 Q 始终保持上一次信号。在 OE 为高电平时,输出始终为高阻态,此时芯片处于高组态。使用 74HC574 对单片机输出口扩展的应用电路如图 5.3.3 所示。

表 5.3.2　74HC574 真值表

OE	CLK	D	Q
L	↑	L	L
L	↑	H	H
L	L	X	不变
H	X	X	Z

　　通过图 5.3.3 的应用电路可知,两片 74HC574 的输入端连接在单片机一个 I/O 口,用于数据的输入。两个时钟输入线 CLK 相连,用于时钟信号输入。输出使能信号 OE 用于两个芯片的选通,分别控制位码和段码。

三、知识链接

1. 中断系统的基本概念

(1)中断的概念

中断系统在单片机系统中占有十分重要的作用。中断是指单片机在执行程序的过程中,当出现某种情况时,由服务对象向 CPU 发出中断请求信号,要求 CPU 暂停当前执行的程序,而转去执行相应的处理程序,待处理程序执行完毕后,再返回来继续执行原来的程序,这个过程称为中断。

　　其中,向 CPU 发出中断请求的来源称为中断源。由中断源向 CPU 所发出的请求中断的信号称为中断请求信号。CPU 接受中断请求,终止现行程序而转去执行中断程序称为中断响应。当中断程序执行完,返回原来的程序称为中断返回。

微课视频

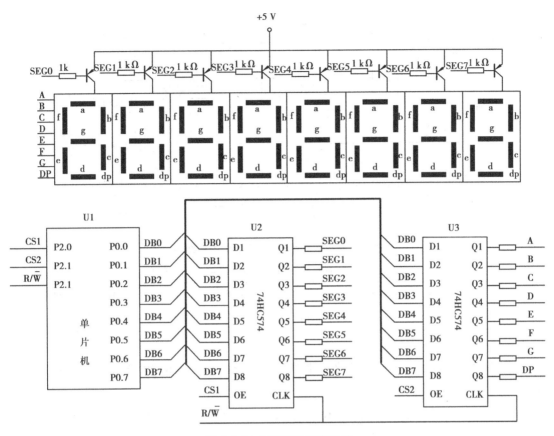

图5.3.3 74HC574应用电路

（2）中断源

51单片机的中断源有5个：两个外中断源 $\overline{INT0}$ 和 $\overline{INT1}$（由P3.2和P3.2引入）、两个定时中断（定时器T0、定时器T1）和1个串行中断。其中，定时中断和串行中断属于内中断。每个中断源对应一个中断标志位，当某个中断源有中断请求时，相应的中断标志位置1，外中断和定时中断源的中断标志位在TCON中，串行中断源的中断标志位在SCON中。

2.中断系统的结构

51单片机中断系统的结构如图5.3.4所示。由图可知，51单片机中有4个寄存器是供用户对中断进行控制的。它们分别是定时器控制寄存器TCON、串行口控制寄存器SCON、中断允许控制寄存器IE和中断优先控制寄存器IP。它们都属于专用寄存器，用它们完成中断请求标志的寄存、中断允许管理和中断优先级的设定，具体功能如下：

（1）定时器/计数器控制寄存器TCON

TCON的功能是接收外部中断源 $\overline{INT0}$、$\overline{INT1}$ 和定时器/计数器（T0、T1）送来的中断请求信号。字节地址是88H，可以进行位操作。该寄存器中有定时器/计数器T0、T1的溢出中断请求标志位TF1和TF0，外部中断请求标志位IE0和IE1。寄存器各位的地址见表5.3.3。

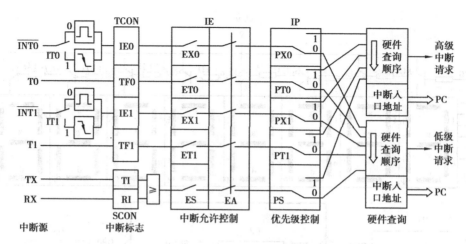

图 5.3.4　51 单片机中断系统的内部结构

表 5.3.3　定时器/计数器控制寄存器 TCON 的格式

8FH	8EH	8DH	8CH	8BH	8AH	89H	88H
TF1	TR1	TF0	TR0	IE1	IT1	IE0	IT0

TCON 寄存器既有定时器/计数器的控制功能,又有中断控制功能,其中与中断有关的控制位共 6 位,各标志位的功能如下:

①IE0 和 IE1:外部中断请求标志位。当 CPU 采样到 $\overline{INT0}$ 和 $\overline{INT1}$ 端出现的有效中断请求信号时,此位由硬件自动置"1",在 CPU 响应中断后,IE0 和 IE1 由硬件自动清 0。

②IT0 和 IT1:外部中断触发方式控制位。当 IT0 = 0 时,$\overline{INT0}$ 为低电平触发方式,有"0"到来触发有效;当 IT0 = 1 时,$\overline{INT0}$ 为负跳变触发方式,由"1"变成"0"时触发有效。

③TF0 和 TF1:内部定时器/计数器 T0 和 T1 溢出标志位。当片内定时器/计数器 T0 和 T1 产生计数溢出时,TF0 和 TF1 由硬件置"1"。转向中断服务时,再由硬件自动清 0。

④TR0 和 TR1:定时器/计数器 T0 和 T1 的启动/停止位。当 TR0(TR1) = 1 时,相应的定时器/计数器开始工作;当 TR0(TR1) = 0 时,相应的定时器/计数器停止工作。单片机复位时,寄存器 TCON 的各位均被初始化成"0"。

(2)串行通信控制寄存器 SCON

SCON 的功能主要是接收串行通信口送到的中断请求信号。字节地址是 98H。具体格式见表 5.3.4。与中断有关的控制位共两位,即 TI 和 RI。

表 5.3.4　串行通信控制寄存器 SCON 的格式

9FH	9EH	9DH	9CH	9BH	9AH	99H	98H
SM0	SM1	SM2	REN	TB8	RB8	TI	RI

TI 是串行口发送中断请求标志位,当发送完一帧串行数据后,由硬件置 1;表示串行口发送器正在向 CPU 申请中断,CPU 响应发送器中断请求,转向执行中断服务程序时,不会自动清 0,必须由用户在中断服务程序中用软件清 0。

RI 是串行口接收中断请求标志位。当接收完一帧串行数据后,由硬件置 1;转向中断服务程序后,用软件清 0。

（3）中断允许寄存器 IE

51 单片机的 5 个中断源都是可以屏蔽的中断。中断系统中有个专门的寄存器 IE,用于控制 CPU 对各中断源的开放和屏蔽。字节地址是 A8H,可以按位寻址。具体格式见表 5.3.5。

表 5.3.5　中断允许寄存器 IE 的格式

AFH	AEH	ADH	ACH	ABH	AAH	A9H	A8H
EA	—	—	ES	ET1	EX1	ET0	EX0

①EA:中断允许总控制位。EA=0,中断总禁止,关闭所有中断;EA=1,中断总允许,总允许后,各中断的禁止或允许由各中断源的中断允许控制位进行设置。

②EX0(EX1):外部中断允许控制位。EX0(EX1)=0,禁止外中断 0(外中断 1);EX0(EX1)=1,允许外中断 0(外中断 1)。

③ET0(ET1):定时中断允许控制位。ET0(ET1)=0,禁止定时中断 0(定时中断 1);ET0(ET1)=1,允许定时中断 0(定时中断 1)。

④ES:串行中断允许控制位。ES=0,禁止串行中断;ES=1,允许串行中断。

当 51 单片机复位后,IE 被清 0,所有中断请求被禁止。要使用某一中断,必须要对相应的位进行设置。开放中断源可以采用下列语句:

IE=1;　//开启总中断

ET0=1;　//开启定时器 T0 中断允许位

（4）中断优先控制寄存器 IP

51 单片机有 5 个中断源,它们的优先级只有两个:高优先级和低优先级。每个中断源都可以通过中断优先控制寄存器 IP 来确定中断的优先级高低。当它们同时发生中断响应后,CPU 就会按照优先级从高到低的顺序去执行中断请求。中断优先控制寄存器 IP 的功能是用来设置 51 单片机中 5 个中断源的优先级顺序。字节地址是 B8H,可以进行位操作。具体格式见表 5.3.6。

表 5.3.6　中断优先控制寄存器 IP 的格式

BFH	BEH	BDH	BCH	BBH	BAH	B9H	B8H
—	—	—	PS	PT1	PX1	PT0	PX0

①PX0(PX1):外部中断 0(外部中断 1)优先级控制位。PX0(PX1)=1,外部中断 0(外部中断 1)定义为高优先级中断;PX0(PX1)=0,外部中断 0(外部中断 1)定义为低优先级中断。

②PT0(PT1):定时器/计时器 T0(T1)中断优先级控制位。PT0(PT1)=1,定时器/计时器 T0(T1)定义为高优先级中断;PT0(PT1)=0,定时器/计时器 T0(T1)定义为低优先级

中断。

③PS：串行中断优先级控制位。PS=1，串行口中断定义为高优先级中断；PS=0，串行口中断定义为低优先级中断。

当51单片机复位后，IP被清0，所有中断源设置成低优先级。当同一优先级的中断源不止一个时，将通过内部硬件查询逻辑，按照自然优先级顺序确定优先级别。自然优先级由硬件确定，排列顺序见表5.3.7。

表5.3.7　中断源自然优先级、入口地址和中断编号

中断源	自然优先级	中断入口地址	C51编译器对中断的编号
外部中断0	高	0x0003	0
定时器/计时器0		0x000B	1
外部中断1		0x0013	2
定时器/计时器1		0x001B	3
串行口	低	0x0023	4

3. 中断处理过程

中断处理过程包括中断响应和中断处理两个阶段。

（1）中断响应

中断响应是指CPU对中断源中断请求的响应。CPU响应中断请求时，必须要满足所有中断响应条件且不存在任何一种中断阻碍情况。

CPU响应中断的条件是有中断源发出中断请求；总中断IE=1；申请中断的中断源允许位为"1"。

CPU响应中断阻碍的情况有CPU正在响应同级或更高级别的中断；当前指令未执行完成；正在执行中断返回或者访问寄存器IE和IP。

（2）中断响应过程

中断响应过程就是自动调用并执行中断函数的过程。C51编译器支持在C源程序中直接以函数形式编写中断服务程序。中断函数的定义形式如下：

void　函数名（形式参数）　interrupt n　［using m］

interrupt后面的n对应中断源的编号，见表5.3.7。using后面的m取值范围值0、1、2、3，分别选中4个不同的工作寄存器组。51单片机可以在片内RAM中使用4个不同的工作寄存器组，每个寄存器组中包含8个工作寄存器（R0—R7）。C51编译器扩展了一个关键字"using"专门用来选择51单片机中不同的工作寄存器组。在定义一个函数时using是一个可选项，如果不用该项，则由编译器自动选择一个寄存器组作绝对寄存器组访问。需要注意的是，关键字using和interrupt的后面都不允许跟带运算符的表达式。

> **经验小贴士**
>
> 　　中断函数的编写注意事项：
>
> 　　首先，不能进行参数传递。如果中断过程包括任何参数申明，编译器就会产生一个错误。
>
> 　　其次，中断程序没有返回值，当定义一个返回值时，将产生错误。
>
> 　　最后，中断函数是不能进行调用的，如果调用中断函数，就会产生一个不确定的结果，编译器也会产生错误。

4. 中断的撤除

中断响应后，TCON 或 SCON 中的中断请求标志应及时清除，否则中断请求仍然存在，可能造成中断的重复查询和响应。

对 T0、T1 溢出中断和边沿触发的外部中断，CPU 在响应中断后由硬件自动清除其中断标志位 TF0、TF1 或 IE0、IE1，无须采取其他措施。

对串口中断，CPU 在响应中断后，硬件不能自动清除中断请求标志位 TI 和 RI，必须在中断服务程序中用软件进行清除。

对电平触发的外部中断，其中断请求的撤除一般是采用硬件和软件相结合的方式。

四、任务实施

1. 电路搭建

微课视频

表 5.3.8　硬件电路图

名称	简易电子钟设计电路图	检索编号	XM5-03-01
硬件电路			

续表

编号	名称	参数	数量	编号	名称	参数	数量
U1	单片机 AT89C51	DIP40	1	R1—R9	电阻	1 kΩ,1/4 W,1%	9
R10—R17	电阻	470 Ω,1/4 W,1%	8	R18—R20	电阻	4.7 kΩ,1/4 W,1%	3
R21	电阻	10 kΩ,1/4 W,1%	1	LED1—LED2	数码管	0.36 英寸,共阳,红色	8
C1	电解电容	22 μF/25 V	1	C2、C3	瓷片电容	22 pF	2
V1—V9	三极管 s8050	TO-92	9	H1	有源蜂鸣器	5 V,9∗5.5	1
Y1	晶体振荡器	12 MHz 49 s	1	S1—S4	微动开关	6∗6∗4.5	4

(元件清单)

2. 程序编写

微课视频

表 5.3.9 程序编写表

名称		简易电子钟设计程序编写	检索编号	XM5-03-02

	流程图		程序	注释
数码管驱动程序设计	数码管驱动程序流程图	1	#include" delay. h"	//包含延时头文件
		2	void display(uchar ∗ p)	/∗ 数码管显示函数 ∗/
		3	{	
		4	uchar buffer[8] = {0,0,0,0,0,0,0,0};	//数码管数据缓存区
		5	uchar code led[11] = { 0xc0, 0xf9, 0xa4, 0xb0, 0x99,0x92,0x82,0xf8,0x80, 0x90,0xbf};	//共阳数码管"0"至"9""—"的段码表
		6	uchar code ledtab[8] = { 0xfe, 0xfd, 0xfb, 0xf7, 0xef,0xdf,0xbf,0x7f};	//位码表
		7	unsigned char i,j;	
		8	buffer[0]=p[0]/10;	//显示小时十位
		9	buffer[1]=p[0]%10;	//显示小时个位
		10	buffer[2]=10;	//显示分隔"—"

数码管驱动程序流程图文字：开始 → 指针形参指向数码管显示数组 → i<8? (N→结束, Y→) → 关显示,防重影 → 送显示段码 → 送显示位码 → 结束

名称		简易电子钟设计程序编写		检索编号	XM5-03-02

	流程图		程序	注释
数码管驱动程序设计	数码管驱动程序流程图	11	buffer[3] = p[1]/10;	//显示分钟十位
		12	buffer[4] = p[1]%10;	//分钟个位
		13	buffer[5] = 10;	//显示分隔"-"
		14	buffer[6] = p[2]/10;	//显示秒十位
		15	buffer[7] = p[2]%10;	//显示秒个位
		16	for(i=0;i<8;i++)	//动态显示
		17	{	
		18	P3 = 0xff;	//关显示
		19	j = buffer[i];	//显示段码
		20	P1 = led[j];	
		21	P3 = ledtab[i];	
		22	delay(100);	
		23	}	
		24	}	
按键控制程序设计	见后页	1	#include "delay. h"	//包含延时函数
		2	sbit s1 = P1^0;	//时间设置键
		3	sbit s2 = P1^1;	//闹钟设置键
		4	sbit s3 = P1^2;	//加"1"键
		5	extern uchar clockbuf[3] = {18,15,10};	//时钟数据缓存区
		6	extern uchar alarmbuf[3] = {0,0,0};	//闹钟数据缓存区
		7	uchar *dis_p;	//送显指针
		8	uchar msec10;	//10 ms 中断次数计数
		9	uchar sec1;	//1 s 中断次数计数
		10	uchar timedata;	//时钟修改设置
		11	uchar alarmdata;	//闹钟修改设置
		12	uchar count;	//闹钟开启时间设置
		13	uchar temp;	//校时功能选择
		14	uchar keyvalue;	//设置键值
		15	bit secbit;	//秒标志位

续表

名称	简易电子钟设计程序编写	检索编号	XM5-03-02

	流程图		程序	注释
按键控制程序设计	加"1"程序流程图	16	bit minbit;	//分标志位
		17	bit hourbit;	//时标志位
		18	bit alarm;	//闹钟设置标志位
		19	bit alarm_open;	//闹钟开启标志位
		20	bit aminbit;	//闹钟分标志位
		21	bit ahourbit;	//闹钟小时标志位
		22	unsigned char keytest( )	/* 按键判断函数 */
		23	{	
		24	unsigned char temp;	
		25	temp＝P1;	
		26	temp＝temp&0x07;	//无关位屏蔽
		27	return（temp）;	
		28	}	
		29	unsigned char scan_valu( )	/* 键值判断函数 */
		30	{	
		31	unsigned char keyvalue,k;	
		32	if((P1&0x07)!＝0x07)	//判断是否有按键按下
		33	{	
		34	delay(200);	//延时消抖
		35	if(s1_set＝＝0)	//1#按下,返回0
		36	keyvalue＝0;	
		37	if(s2_up＝＝0)	//2#按下,返回1
		38	keyvalue＝1;	
		39	if(s3_down＝＝0)	//3#按下,返回2
		40	keyvalue＝2;	
		41	while((k＝keytest())!＝0x07);	//等待按键释放
		42	return(keyvalue);	//返回键值
		43	}	
		44	}	
		45	void control ( )	/* 加"1"函数 */

续表

名称	简易电子钟设计程序编写		检索编号	XM5-03-02

	流程图		程序	注释
按键控制程序设计		46	{	
		47	if(secbit = = 1)	//设置时钟秒值
		48	{	
		49	if(clockbuf[2] = = 59)	
		50	clockbuf[2] = 0;	
		51	else clockbuf[2] + +;	
		52	}	
		53	else if(minbit = = 1)	//设置时钟分值
	开始	54	{	
	初始化，关定时器	55	if(clockbuf[1] = = 59)	
		56	clockbuf[1] = 0;	
	timedata加1	57	else clockbuf[1] + +;	
		58	}	
	timedata值	59	else if(hourbit = = 1)	//设置时钟小时值
		60	{	
	值为0 值为1 值为2 值为3 default	61	if(clockbuf[0] = = 23)	
		62	clockbuf[0] = 0;	
	秒标志置1 分标志置1 时标志置1 清除标志位开启定时器	63	else clockbuf[0] + +;	
	break break break break break	64	}	
		65	else if(aminbit = = 1)	//设置闹钟分值
	结束	66	{	
		67	if((alarmbuf[1] = = 59)	
	时间配置程序流程图	68	alarmbuf[1] = 0;	
		69	else alarmbuf[1] + +;	
		70	}	
		71	else if(ahourbit = = 1)	//设置闹钟小时值
		72	{	
		73	if(alarmbuf[0] = = 23)	
		74	alarmbuf[0] = 0;	
		75	else alarmbuf[0] + +;	

续表

名称		简易电子钟设计程序编写		检索编号	XM5-03-02

	流程图		程序	注释
按键控制程序设计	闹钟配置程序流程图	76	}	
		77	}	
		78	void time_config( )	/*时间配置函数*/
		79	{	
		80	TR0=0;	//关定时器 T0
		81	ahourbit=0;	//禁止对闹钟进行修改
		82	aminbit=0;	
		83	dis_p=clockbuf;	//指向时钟数组的地址
		84	alarmdata=0;	//清除闹钟设置值
		85	timedata++;	
		86	switch(timedata)	
		87	{	
		88	case 0x01: secbit = 1; break;	//设置秒标志位为1
		89	case 0x02: secbit = 0; minbit=1; break;	//设置分标志位为1
		90	case 0x03: minbit = 0; hourbit=1; break;	//设置小时标志位为1
		91	case 0x04: timedata=0; hourbit=0; TR0=1; break;	//清除标志位,启动定时器
		92	default: break;	
		93	}	
		94	}	
		95	void alarm_control( )	/*闹钟控制函数*/
		96	{	
		97	if((alarmbuf[0] = = clockbuf [0])&& (alarmbuf [1] = = clockbuf [1]))	//判断时钟否开启闹钟
		98	{	

续表

名称	简易电子钟设计程序编写		检索编号	XM5-03-02

流程图		程序	注释
<div style="text-align:left">按键控制程序设计</div>	99	beep = 1;	//闹钟开启
	100	alarm_open = 1;	//标志位置 1
	101	}	
	102	else	
	103	{	
	104	if(count = = 70)	//闹钟响 70 s
	105	{	
	106	count = 0;	
	107	beep = 0;	
	108	alarm = 0;	
	109	alarm_open = 0;	
	110	}	
	111	}	
	112	}	
	113	void alarm_config( )	/ ∗ 闹钟配置函数 ∗ /
	114	{	
	115	secbit = 0;	//禁止修改时间
	116	minbit = 0;	
	117	hourbit = 0;	
	118	dis_p = alarmbuf;	//指向时钟数组
	119	timedata = 0;	//清除时钟设置值
	120	alarmdata++;	//闹钟标志位记录加 1
	121	switch(alarmdata)	
	122	{	
	123	case 0x01: aminbit = 1; break;	//设置分标志位为 1
	124	case 0x02: aminbit = 0; ahourbit = 1; break;	//设置小时标志位为 1
	125	case 0x03: alarmdata = 0; ahourbit = 0; alarm = 1; dis_p = clockbuf; break;	//清除标志位,启动定时器
	126	default; break;	
	127	}	
	128	}	

闹钟配置程序流程图

流程图内容:
开始 → 初始化 → alarmdata加1 → alarmdata值 → (值为0 / 值为1 / 值为2 / default)
- 值为0: 闹钟分标志置1 → break
- 值为1: 闹钟时标志置1 → break
- 值为2: 清除标志位开启定时器 → break
- default: break
→ 结束

续表

名称		简易电子钟设计程序编写	检索编号	XM5-03-02

	流程图		程序	注释
主程序设计		1	#include " delay. h"	//包括一些延时函数
		2	#include" display. c"	//按键控制程序
		3	#include" key_ctrl. c"	//DS1302 子程序
		4	void main(void)	/＊主函数＊/
		5	{	
		6	uchar k;	
		7	beep＝0;	//关闹钟
		8	alarm＝0;	//闹钟标志位清零
		9	alarmdata＝0;	//闹钟设置清零
		10	count＝0;	//闹钟启动时间清零
		11	msec10＝0;	//设置 10 ms 中断次数
		12	sec1＝0;	//设置 1 s 中断次数
		13	timedata＝0;	//时钟设置清零
		14	TMOD＝0x02;	//设置 T0 为工作方式 2
		15	TL0＝256－250;	//250 μs 定时初值设置
		16	TH0＝256－250;	
		17	EA＝1;	//开启总中断
		18	ET0＝1;	//开 T0 中断允许
		19	TR0＝1;	//启动 T0 开始计数
		20	dis_p＝clockbuf;	//指向时钟数组的地址
		21	while(1)	
		22	{	
		23	k＝keytest( );	//调用键盘检查函数
		24	if(k＝＝0x07)	//没有按键按下
		25	{	
		26	display(dis_p);	//显示时间
		27	if(alarm＝＝1)	//判断闹钟是否设置
		28	alarm_control( );	//启动闹钟控制函数
		29	}	
		30	else if(k!＝0x07)	//如果有按键按下
		31	{	
		32	k＝scan_valu( );	//判断键值
		33	switch(k)	
		34	{	
		35	case 0: time_config ( ); break;	//开始时间设置

流程图内容（主程序流程图）：

开始 → 程序初始化 → 设置定时器 T0工作方式 → 开中断，启动定时器T0 → 无线循环 → 按键是否按下？ (Y/N) → N: 调用显示函数 → 读取按键值k → k值 → 值为0 / 值为1 / 值为2 / default → 选择设置时间 / 选择设置闹钟 / 设置时间或闹钟 / → break / break / break / break

主程序流程图

续表

名称	简易电子钟设计程序编写		检索编号	XM5-03-02

	流程图		程序	注释
主程序设计	见前页	36	case 1： alarm_config( )；break；	//开始闹钟设置
		37	case 2：control( )；break；	//时间和闹钟进行设置
		38	default；break；	
		39	}	
		40	}	
		41	}	
		42	}	
中断程序设计	 中断程序流程图	1	void time _ 0 (void) interrupt 1	/＊T0 中断函数＊/
		2	{	
		3	EA＝0；	//关中断
		4	if(msec10！＝40)	
		5	msec10++；	//msec10 自加 1
		6	else	
		7	{	
		8	msec10＝0；	
		9	if(sec1！＝100)	
		10	sec1++；	//sec1 自加 1
		11	else	
		12	{	
		13	if(alarm_open＝＝1)	//计数闹钟开启时间
		14	count++；	
		15	sec1＝0；	
		16	if(clockbuf[2]！＝59)	//判断秒是否到 59
		17	clockbuf[2]++；	//没有到 59 继续加 1
		18	else	
		19	{	
		20	clockbuf[2]＝0；	//秒计满 59 清零
		21	if(clockbuf[1]！＝59)	//判断分是否到 59
		22	clockbuf[1]++；	//没有到 59 继续加 1
		23	else	
		24	{	
		25	clockbuf[1]＝0；	//分计满 59 清零
		26	if(clockbuf[0]！＝23)	//判断时是否到 23

续表

名称	简易电子钟设计程序编写			检索编号	XM5-03-02

主程序设计	流程图		程序	注释
	见前页	27	clockbuf[0]++;	//没有到23继续加1
		28	else clockbuf[0]=0;	//到23 h清零
		29	} } } }	
		30	EA=1;	//开中断
		31	}	

程序说明

一、数码管驱动程序设计

该程序的功能是实现8位共阳数码管动态显示的驱动。

第2行:形参" * p"是指针变量,它指向数码管显示缓存数组的地址。

第3行:数码管显存定义,存放需要显示的内容,通过形参" * p"与其对应。

第8—15行:将指针变量中的时、分、秒的值赋给显存数组。

第16—23行:数码管动态显示程序段。通过for循环,实现8位数码管动态显示。

二、按键控制程序设计

第5、6行:外部变量引用。数组"clockbuf[ ]""alarmbuf[ ]"在主程序文件中做了定义,在按键控制子程序文件中使用时,要用关键字"extern"重新定义,否则编译时报错。

第7行:送显指针定义。指针变量不同于普通变量,它指向的是存储变量的地址单元,和数组名相对应。通过"取址运算"可以操作对应存储单元的变量。

第22—28行:按键判断函数。此函数只判断是否有按键按下,不能判断具体的按键值。

第29—43行:键值判断函数。用于判断具体的按键值。

第41行:在按键扫描程序中,通过加入等待按键释放的程序段,用于高速处理器和低速外设的匹配。如果没有这段程序,按一次按键时,单片机会错误采集到多次。

第45—77行:加"1"函数。在程序设计时,为了实现一按多能设计。在程序中需要定义中间变量和标志位。此函数中的"secbit""minbit""hourbit""aminbit"和"ahourbit"分别是时钟秒、时钟分、时钟时、闹钟分和闹钟秒的标志位。在程序运行时,当对应的标志位为1时,相应的值加1次,从而实现一个按键控制多个变量的加"1"操作。

第78—94行:时间配置函数,用于时间量的校对选择。每调用一次该函数,对应的变量"timedata"加1次。通过"timedata"值可以分支选择校时、校分和校秒。

第95—112行:闹钟控制函数,用于闹钟的开启控制和闹钟开启时间的设置。

第97行:闹钟开启判断。当闹钟缓存中的时、分与时钟缓存中的时、分相同时,说明设置的闹钟时间到,需要开启闹钟。

第104行:开启时间控制语句。表达式的值用于设置闹钟开启时间。"count"值的增加由中断函数控制。

第113—128行:闹钟配置函数,用于闹钟时间的设置。函数功能和时间配置函数相同。

续表

名称	简易电子钟设计程序编写	检索编号	XM5-03-02

<table>
<tr><td rowspan="1">程序
说明</td><td colspan="3">

三、主程序设计

第 14 行:定时器 T0 设置为工作方式 2。工作方式 2 是将 16 位计数器分为两部分:TL0 作计数器;TH0 作预置寄存器。初始化时把计数初值分别装入 TL0 和 TH0 中,当计数溢出后,由预置寄存器 TH0 以硬件方法自动给计数器 TL0 重新加载,这样有利于提高定时精度。

第 14、15 行:定时器 T0 赋初值。

第 20 行:将显存数组的地址赋给送显指针,通过地址操作,可以实现向数码管缓存区传输显示数据。

第 23—29 行:调用按键检测函数判断是否有按键按下(23 行),当没有按下按键时,调用数码管驱动函数显示数码管缓存区中的内容(26 行)。

第 30—40 行:当有按键按下时,调用键值判断函数,将对应的按键值赋给变量 k(32 行)。通过开关语句判断(33 行),当第一个按键按下时,选择设置时间(35 行);当第二个按键按下时,选择设置闹钟(36 行);当第三个按键按下时,对上面两个选项中的值进行设置(37 行)。

四、中断程序设计

第 4—10 行:1 s 时间基值的定时。程序编写方法同表 5.2.8。

第 13、14 行:闹钟时间基值产生。这两个程序段用于产生闹钟的 1 s 时间基值。

第 16—26 行:时钟运行控制程序。该程序段控制电子钟按照时钟的规律运行。每产生 1 s 时间时,秒缓存值加 1(15、16、17 行),当秒值加到 59 s 时清零,同时分缓存值加 1(20、21、22 行),当分值加到 59 min 时清零,缓存值加 1(25、26、27 行),当时值加到 23 h 时清零(28 行)。

</td></tr>
</table>

编程小技巧

extern 在 C 语言中属于外部存储变量的声明。它是用来声明程序中将要用到但尚未定义的外部变量。当一个工程由多个 C 文件组成时,各个 C 文件之间的函数调用和变量的传递就需要用到 extern 变量进行定义。

在本任务中,用来存放时间变量和闹钟变量的"clockbuf[ ]""alarmbuf[ ]"在多个程序文件中都有使用。变量定义在主程序文件中,其他程序文件使用时,需要采用下列语句声明:

extern unsigned char clockbuf[ ] ;

extern unsigned char alarmbuf[ ] ;

3. 软件仿真

表 5.3.10　仿真任务单

任务名称		简易电子钟设计仿真		检索编号	XM5-03-03
专业班级			任务执行人	接单时间	
执行环境		☑ 计算机:CPU 频率≥1.0 GHz,内存≥1 GB,硬盘容量≥40 G,操作平台 Windows ☑ Keil uVision4 软件　　　☐ Proteus 软件			
任务大项	序号	任务内容	技术指南		
仿真电路图绘制	1	运行 Proteus 软件,设置原理图大小为 A3	运行 Proteus 软件,菜单栏中找到 system 并打开,选择"Set sheet sizes",选择图纸 A3。设置完成后,将图纸按要求命名和存盘		
	2	在元件列表中添加表 5.3.8"元件清单"中所列元器件	元件添加时单击元件选择按钮"P(pick)",在左上角的对话框"keyword"中输入需要的元件名称。各元件的 Category(类别)分别为单片机 AT89C52(Microprocessor AT89C52)、晶振(CRYSTAL)、电容(CAPACITOR)、电阻(Resistors)、发光二极管(LED—BLBY)、三极管(PN930)、蜂鸣器(BUZZER)、按键(BUTTON)、8 位共阳蓝色数码管(SEG-MPX8-CA-BLUE)		
	3	将元件列表中器件放置在图纸中	在元件列表区单击选中的元件,鼠标移到右侧编辑窗口中,鼠标变成铅笔状,单击左键,框中出现元件原理图的轮廓图,可以移动。鼠标移到合适的位置后,按下鼠标左键,元件就放置在原理图中		
	4	8 位共阳数码管连接	数码管连接可以按照表 5.3.8"硬件电路"连接。在仿真时,为了仿真电路图的简单,可以不加三极管驱动电路,将数码管位控制端通过反相器(74LS04)与单片机的控制端连接		
	5	添加电源及地极	单击模型选择工具栏中的 图标,选择"POWER(电源)"和"GROUND(地极)"添加至绘图区		

续表

任务大项	序号	任务内容	技术指南
仿真电路图绘制	6	按照表 5.3.8"硬件电路"将各个元器件连线	鼠标指针靠近元件的一端,当其变为绿色时,表示可以连线了,单击该点,再将鼠标移至另一元件的一端单击,两点间的线路就画好了
	7	按照表 5.3.8"元件清单"中所列元器件参数编辑元件,设置各元件参数	双击元件,会弹出编辑元件的对话框。输入元器件参数。"component reference"输入编号。"Hidden"勾选就会隐藏前面选项
C 语言程序编写	8	运行 Keil 软件,创建任务的工程模板	运行 Keil 软件,创建工程模板,将工程模板按要求命名并保存
	9	录入表 5.3.9 中的程序	程序录入时,头文件引用语句要放在程序开始位置,程序中使用的循环左移库函数如果存在书写困难,可以打开"intrins.h"库进行复制
	10	程序编译	程序编译前,在 Target"Output 页"勾选"Create HEX File"选项,表示编译后创建机器文件,然后编译程序
	11	程序调试	如果没有包含"reg51.h"头文件,程序会报:error C202: 'P0': undefined identifier
	12	输出机器文件	机器文件后缀为.hex,为方便使用,要和程序源文件分开保存
仿真调试	13	程序载入	在 Proteus 软件中,双击单片机,单击 ,找到后缀名为.hex 的存盘程序,导入程序
	14	运行调试	单击运行按钮 ▶ 开始仿真。在仿真运行时,红色小块表示电路中输出的高电平,蓝色小块表示电路中输出的低电平,灰色小块表示电路高阻态

4.实物制作

表5.3.11　实物制作工序单

任务名称		简易电子钟实物制作工序单		检索编号	XM5-03-04
专业班级			小组编号	小组负责人	
小组成员				接单时间	
工具、材料、设备		计算机、恒温焊台、直流稳压可调电源、万用表、双踪示波器、元器件包、任务 PCB 板、电子焊接工具包、SPI 下载器			

工序名称	工序号	工序内容	操作规范及工艺要求	风险点
任务准备	1	技术交底会	掌握工作内容,落实工作制度和"四不伤害"安全制度	对工作制度和安全制度落实不到位
	2	材料领取	落实工器具和原材料出库登记制度	工器具领取混乱,工作场地混乱
元件检测	3	对照表 5.3.8 "元件参数",检测各个元器件	落实《电子工程防静电设计规范》(GB 50611—2010)	(1)人体静电击穿损坏元器件 (2)漏检或错检元器件
焊接	4	单片机最小系统焊接	参见表1.1.2	参见表1.1.2
	5	8 位共阳数码管焊接	(1)操作时要戴防静电手套和防静电手腕,电烙铁要接地 (2)焊接温度 260 ℃,3 s 以内 (3)焊点离封装大于 2 mm (4)焊接前对照数码管手册查看引脚封装。检测数码管工作正常后进行焊接	(1)数码管引脚焊错 (2)数码管功能未检测进行焊接 (3)数码管静电击穿 (4)数码管高温损坏
调试	6	无芯片短路测试	在没有接入单片机时,电源正负接线柱电阻接近无穷	(1)电源短路 (2)器件短路
	7	无芯片开路测试	数码管正向能导图,反向截止,相当于开路	焊接不到位引起的开路
	8	无芯片功能测试	(1)开、短路测试通过后接入电源 (2)电源电压调至 5 V,接入电路板电源接口 (3)数码管段控制端依次接电源负极,观察数码管显示是否正常。	(1)电路板带故障开机 (2)电源接入前要填好电压,关机后再接入电路板,接线完成再开机。防止操作不符合规范,引起电路板烧坏
	9	程序烧写	烧入表5.3.9中的程序	程序无法烧写

续表

任务名称		简易电子钟实物制作工序单		检索编号	XM5-03-04
任务结束	10	工作场所清理	符合企业生产"6S"原则,做到"工完、料尽、场地清"		
	11	材料归还	落实工器具和原材料入库登记制度,耗材使用记录和实训设备使用记录	工器具归还混乱,耗材及设备使用未登记	
	12	任务总结会	总结工作中的问题和改进措施	总结会流于形式,工作总结不到位	
时间		教师签名:			

5. 考核评价

表 5.3.12　任务考评表

名称		简易电子钟设计任务考评表		检索编号	XM5-03-05	
专业班级			学生姓名		总分	
考评项目	序号	考评内容	分值	考评标准	学生自评	教师评价
仿真电路图绘制	1	运行 Proteus 软件,按要求进行设置	5	软件不能正常打开扣 2 分,设置不正确每项扣 1 分		
	2	添加元器件	5	无法添加元件,或者元件添加错误,每处扣 1 分		
	3	修改元器件参数	5	元器件、文字符号错误或不符合行业规定,每处扣 1 分		
	4	元器件连线	10	元器件连接错误,电源连接错误,网络端号编写错误,每处扣 1 分;连线凌乱,电路图不美观酌情扣 1~3 分		
C 语言程序编写	5	运行 Keil 软件,创建任务的工程模板	5	软件设置不正确,每项扣 1 分;Keil 工程创建错误,工程设置错误,每处扣 1 分		
	6	程序编写	10	程序编写错误,不能排除程序错误,每处错误扣 1 分		
	7	程序编译	10	程序无法编译,不能排除错误,每处错误扣 1 分		

续表

考评项目	序号	考评内容	分值	考评标准	学生自评	教师评价
仿真调试	8	程序载入	5	程序载入错误,仿真不能按要求进行,每处扣1分		
	9	运行调试	5	程序调试过程不符合操作规程,每处扣1分		
道德情操	10	热爱祖国、遵守法纪、遵守校纪校规	10	非法上网,非法传播不良信息和虚假信息,每次扣5分。出现违规行为,成绩不合格		
	11	讲文明、懂礼貌、乐于助人	10	不文明实训,同学之间不能相互配合,有矛盾和冲突,每次扣5分		
专业素养	12	实训室设备摆放合理、整齐	5	不按规定摆放实训物品和学习用具,每处扣1分。随意挪动设备,更改计算机设置,发现一次扣1分		
	13	保持实训室干净整洁,实训工位洁净	5	乱摆放工具、乱丢弃杂物、实训结束后不清理实训工位,每处扣1分		
	14	遵守安全操作规程,遵守纪律,爱惜实训设备。	5	不正确使用计算机,出现违反操作规程的(如非法关机),每次扣4.5分。故意损坏设备,照价赔偿		
	15	操作认真,严谨仔细,有精益求精的工作理念	5	操作粗心,实训敷衍,每次扣4.5分		
日期				教师签字:		

闯关练习

表 5.3.13　练习题

名称		闯关练习题			检索编号	XM5-03-06
专业班级			学生姓名		总分	
练习项目	序号	考评内容			学生答案	教师批阅
单选题 40 分	1	（　　）寄存器是用来控制定时器的。 A. TCON　　　　　　　　B. SCON C. IE　　　　　　　　　D. IP				
	2	（　　）寄存器是用来控制串行口的。 A. TCON　　　　　　　　B. SCON C. IE　　　　　　　　　D. IP				
	3	51 单片机驱动多位数码管可以采用（　　）驱动电路。 A.74HC138 扩展电路　　　B.74HC573 扩展电路 C.74HC574 扩展电路　　　　D. 以上都是				
	4	CPU 响应中断的条件（　　）。 A.①有中断源发出中断请求 B.②总中断 IE＝1 C.③申请中断的中断源允许位为"1" D.①②③				
填空题 20 分	5	＿＿＿＿是中断允许总控制位。当它为＿＿＿（填 0 或 1)时,中断总禁止,关闭所有中断;当它为＿＿＿（填 0 或 1)时,中断总允许,总允许后,各中断的禁止或允许由各中断源的中断允许控制位进行设置				
	6	中断允许控制寄存器是＿＿＿,中断优先控制寄存器是＿＿＿				
判断题 40 分	7	当 CPU 采样到有效中断请求信号时,外部中断请求标志位由硬件自动置"1",在 CPU 响应中断后,该位需要用软件清 0				
	8	TCON 寄存器的字节地址是 88H,不能进行位操作				
	9	在中断系统中,通常将 CPU 正常情况下运行的程序称为主程序,把引起中断的设备或事件称为中断源				
	10	当 51 单片机复位后,IE 被清 0,所有中断请求被禁止。要使用某一中断,必须要对相应的位进行设置				
日期			教师签字:			

项目6

液晶显示控制

液晶显示器是单片机控制系统中十分重要的一类显示器件,作为单片机控制系统的输出器件,液晶具有低功耗、显示内容丰富、易于彩色化、无电池辐射等特点,在很多电子产品上得到了充分的应用。

通过本项目学习,掌握小液晶LCD1602和大液晶LCD12864的显示控制,会使用51单片机编程两个液晶的驱动程序,实现相应的信息显示。在操作液晶时,通过查阅相应的手册,培养学生查阅和使用液晶数据手册的能力。同时,通过液晶"我爱你中国"和"I Love China"。厚植大家的爱国情怀。

微课视频

【知识目标】

1. 知道LCD1602和LCD12864的引脚和相应的功能。

2. 知道51单片机与LCD1602和LCD12864的硬件连接。

3. 掌握LCD1602的基本操作。

4. 掌握LCD12864的基本操作。

【技能目标】

1. 会操作LCD1602液晶,完成指定内容显示。

2. 会操作LCD12864液晶,完成指定内容显示。

3. 会使用模块化编程,完成本项目的程序编程,同时完成相应任务的调试和仿真。

【情感目标】

1. 在实训中继续落实企业生产"6S"标准。

2. 了解无尘车间和液晶生产中的防尘要求,树立规范操作,培养认真仔细的工作态度。

【学习导航】

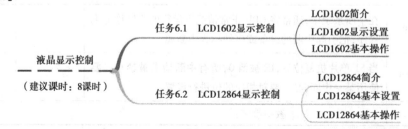

任务 6.1　LCD1602 显示控制

一、任务情境

LCD1602 液晶模块具有体积小、功耗低等优点,在各种工业设备、家用电子产品、仪器仪表、嵌入式系统等场合有非常广泛的应用。本任务是用单片机控制 LCD1602,在 LCD1602 上显示自己姓名的拼音。要求姓和名的拼音首字母大写,中间有空格。

微课视频

二、任务分析

LCD1602 是一款可以两行显示的液晶显示器(Liquid Crystal Display)。其中,LCD 是液晶显示器的英文简称;16 表示 LCD 每行可以显示 16 个字符;02 表示共有两行。这种 LCD 可以显示 32 个字符。除此之外,还有 LCD1604、LCD2002 和 LCD2004 等液晶显示器。

如图 6.1.1 所示为 LCD1602 的引脚图,各个引脚的具体功能见表 6.1.1。

表 6.1.1　LCD1602 引脚功能表

编号	符号	引脚功能
1	VSS	电源地
2	VDD	电源正极+5 V
3	VL	对比度偏压调节
4	RS	数据/指令寄存器选择。高电平数据,低电平为指令
5	R/$\overline{\text{W}}$	读/写选择。高电平为读,低电平为写
6	E	使能端
7—14	D0—D7	双向数据线
15	BLA	背光电源正极
16	BLK	背光电源负极

图 6.1.1　LCD1602 引脚图

经验小贴士

单片机控制 LCD1602 显示字符时,有两个问题:一是单片机与 LCD1602 的硬件连接;二是 LCD1602 底层操作函数的编写。硬件电路连接中,重点掌握 RS、R/ 和 E 3 个引脚的连接与使用。

◆引脚 4:RS,数据/指令寄存器选择。液晶的数据和命令都是从 7—14 引脚的双向数据线上进行传输的。这样就要有一个寄存器来控制在某段时间内应该是传输数据还是命令。当 RS=1 时,总线上传输的是数据;当 RS=0 时,总线上传输的是指令。

◆引脚5:R/$\overline{\text{W}}$,读/写选择位。液晶作为一个显示器接口,对它的读操作比较少,常用的读操作是读取忙碌标志位 BF 的值,来判断液晶是否忙碌。对液晶进行读操作时,R/$\overline{\text{W}}$=1;当 R/$\overline{\text{W}}$=0 时,就可以对液晶进行写数据或写命令操作了。

◆引脚6:E,使能端。液晶的读写操作是在使能信号 E 的配合下完成的。当 E=0 时,不能对液晶进行操作;当 E=1,R/$\overline{\text{W}}$=1 时,可以对液晶进行读操作;当 E 负跳变(由 1 变 0),R/$\overline{\text{W}}$=0 时,可以对液晶进行写操作。

◆引脚7—14:D0—D7,双向数据线,通过与引脚 4、5、6 的配合,是单片机和液晶进行数据交换的总线。具体逻辑功能组合见表6.1.2。

表6.1.2　液晶接口逻辑功能组合表

RS	R/$\overline{\text{W}}$	E	D0—D7	逻辑功能
×	×	0	×	无效操作
0	0	下降沿	指令输入	写指令
0	1	1	指令输出	读指令(忙碌标志位)
1	0	下降沿	数据输入	写数据
1	1	1	数据输出	读数据

三、知识链接

1. LCD1602 显示过程

在用字符型 LCD1602 显示字符时,需要解决字符 ASCII 标准码的产生、显示模式设置和显示位置指定这 3 个基本问题。这些基本操作实质是针对液晶控制器的操作。目前,常用的字符液晶控制器是 HD4478。对于该控制器而言,它的原理较为复杂,但具体使用十分简单,这里只针对其具体操作所涉及的内容进行说明。

(1)字符 ASCII 标准码的产生

在 LCD1602 中,字符 ASCII 的标准码无须编程人员生成。它在液晶控制器 HD4480 内藏的字符发生存储器(CG ROM)中,其中存储了阿拉伯数字、英文字母的大小写、常用的符号和日文假名等 160 个不同的点阵字符图形,每一个字符都有一个固定的代码,见表6.1.3。只要将 C 语言编译器生成的标准 ASCII 码写入数据显示用的存储器(DD RAM)中,内部控制线路就会自动送显字符。例如,0 字符的字符码 31H,若要在 LCD 中显示 0,就是将 0 的代码 31H 写到 DDRAM 中,同时到 CGROM 中将 0 的字形点阵数据找出来,显示在 LCD 上,这样就能看到数字 0。

表 6.1.3　LCD1602 内置字符表

高	低															
	0	1	2	3	4	5	6	7	8	9	A	B	C	D	E	F
0	储存用户自行设计的特殊造型的构造码存储器（CG RAM）															
1																
2		！	″	#	$	%	&	'	(	)	*	+	,	-	。	/
3	0	1	2	3	4	5	6	7	8	9	:	;	<	=	>	?
4	@	A	B	C	D	E	F	G	H	I	J	K	L	M	N	O
5	P	Q	R	S	T	U	V	W	X	Y	Z	[	¥	]	^	
6	\	a	b	c	d	e	f	g	h	i	j	k	l	m	n	o
7	p	q	r	s	t	u	v	w	x	y	z	{	|	}	→	←
A		。	「	」	、	·	ラ	フ	イ	ゥ	エ	オ	ヤ	ユ	ヨ	ッ
B	ー	ア	イ	ゥ	エ	オ	カ	キ	ク	ケ	コ	サ	シ	ス	セ	ソ
C	タ	チ	ツ	テ	ト	ナ	ニ	ヌ	ネ	ノ	ハ	ヒ	フ	ヘ	ホ	マ
D	ミ	ム	メ	モ	ヤ	ユ	ヨ	ラ	リ	ル	レ	ロ	ワ	ン	゛	ロ
E	α	ä	β	ε	μ	σ	ρ	q	√	⊣	i	x	Φ		ñ	ö
F	p	q	θ	n	Ω	ü	Σ	π	X	u	千	万	д	÷		

（2）LCD1602 显示模式设置

LCD1602 显示模式设置内容主要有清屏（清除 DDRAM 内容）设置、光标设置和输入模式设置。具体显示模式控制指令见表 6.1.4。

表 6.1.4　LCD1602 内置字符表

控制端		指令的二进制代码								指令功能说明
RS	R/W	D7	D6	D5	D4	D3	D2	D1	D0	
0	0	0	0	0	0	0	0	0	1	清屏（清除 DDRAM 内容），地址计数器 AC 清零，光标归零（光标归到显示屏左上方）
0	0	0	0	0	0	0	0	1	*	显示内容不变，地址计数器 AC 清零，光标归零（光标归到显示屏左上方）
0	0	0	0	0	0	0	1	I/D	S	I/D S=0 0 光标左移一格，AC 减 1 I/D S=0 1 字符全部右移一格，光标不动 I/D S=1 0 光标右移一格，AC 加 1 I/D S=1 1 字符全部左移一格，光标不动
0	0	0	0	0	0	1	D	C	B	D=1,开显示;D=0,关显示 C=1,显示光标;C=0,不显示光标 B=1,光标闪烁;B=0,光标不闪烁

续表

控制端		指令的二进制代码								指令功能说明
RS	R/W	D7	D6	D5	D4	D3	D2	D1	D0	
0	0	0	0	0	1	S/C	R/L	*	*	S/C R/L=0 0 文字不动,光标左移一格,AC 减 1 S/C R/L=0 1 文字不动,光标右移一格,AC 加 1 S/C R/L=1 0 文字全部右移一格,光标不动 S/C R/L=1 1 文字全部左移一格,光标不动
0	0	0	0	1	DL	N	F	*	*	DL=1,8 位数据接口;DL=0,4 位数据接口 N=1,分两行显示;N=0,在同一行显示 F=1,5×10 点阵字符;F=0,5×7 点阵字符
0	0	0	1	A5	A4	A3	A2	A1	A0	用于设置 CGRAM 的地址,A5—A0 对应的地址 为 0x00—0x3F
0	0	1	A6	A5	A4	A3	A2	A1	A0	用于设置 DDRAM 的地址,N=0,在一行中显 示,此时 A6—A0 对应的地址为 0x00—0x4F; N=1,在两行中分别显示,首行 A6—A0 对应的 地址为 0x00—0x2F,次行 A6—A0 对应的地址 为 0x40—0x64
0	1	BF	AC6	AC5	AC4	AC3	AC2	AC1	AC0	BF=1,表示液晶当前忙;BF=0,表示空闲 AC 值意义为最近一次地址设置(CGRAM 或 DDRAM)定义
1	0	数据								写数据
1	1	数据								读数据

（3）显示位置设置

LCD1602 在完成上述显示设置以后,还需最后一步——指定显示位置,就可以显示字符了。LCD1602 每行可以显示 16 个字符,但每行可以送显 40 个字符,多出的内容通过"移屏"来显示。第一行的显示地址是 0x00—0x27(液晶可显示地址为 0x00—0x0F);第二行的显示地址是 0x40—0x67(液晶可显示地址为 0x40~0x4F)。

2. LCD1602 读操作

（1）读操作时序图

LCD1602 读操作的时序图如图 6.1.2 所示。

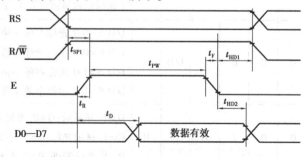

图 6.1.2　LCD1602 读操作的时序图

LCD1602 读操作时序图参数见表 6.1.5。

表 6.1.5   LCD1602 读操作时序图参数表

时序参数	极限值/ns		时序参数	极限值/ns	
	最小值	最大值		最小值	最大值
E 脉冲宽度(t_{PW})	150	—	读操作数据建立时间(t_D)	—	100
E 上升沿/下降沿时间(t_R/t_F)	—	25	地址保持时间(t_{HD1})	10	—
地址建立时间(t_{SP1})	30	—	读操作数据保持时间(t_{HD2})	20	—

（2）读操作编程流程

读操作编程流程如图 6.1.3 所示。

3. LCD1602 写操作

（1）写操作时序图

LCD1602 写操作的时序图如图 6.1.4 所示。

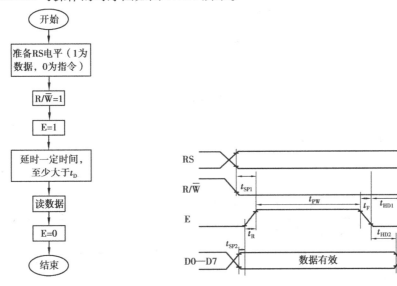

图 6.1.3   读操作编程流程图   图 6.1.4   LCD1602 写操作的时序图

LCD1602 写作时序图参数见表 6.1.6。

表 6.1.6   LCD1602 写操作时序图参数表

时序参数	极限值/ns		时序参数	极限值/ns	
	最小值	最大值		最小值	最大值
E 脉冲宽度(t_{PW})	150	—	写操作数据建立时间(t_{SP2})	40	—
E 上升沿/下降沿时间(t_R/t_F)	—	25	地址保持时间(t_{HD1})	10	—
地址建立时间(t_{SP1})	30	—	读操作数据保持时间(t_{HD2})	20	—

（2）写操作编程流程

写操作编程流程如图 6.1.5 所示。

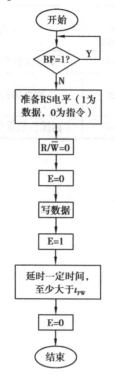

图 6.1.5　写操作编程流程图

四、任务实施

1. 电路搭建

微课视频

表 6.1.7　硬件电路图

名称	LCD1602 显示控制电路图	检索编号	XM6-01-01
硬件电路	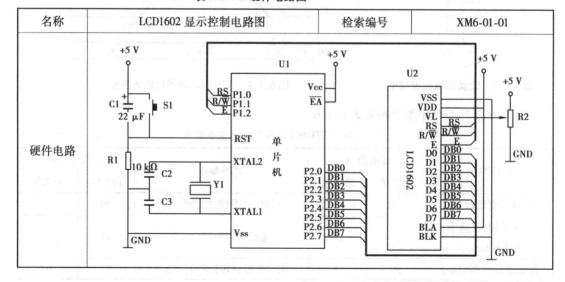		

续表

编号	名称	参数	数量	编号	名称	参数	数量
元件清单							
U1	单片机 AT89C51	DIP40	1	S1	微动开关	6*6*4.5	1
R1	电阻	10 kΩ, 1/4 W,1%	1	R2	电位器	10 k 卧式	1
U2	LCD1602	5 V,蓝屏	1	C2、C3	瓷片电容	22 pF	2
C1	电解电容	22 μF/25 V	1	Y1	晶体振荡器	12 MHz 49 s	1

2. 程序编写

微课视频

表 6.1.8　程序编写表

名称	LCD1602 显示控制程序		检索编号	XM6-01-02

	流程图		程序	注释
程序设计	 **开始** ↓ RS=0 ↓ R/W̄=1 ↓ E=1 ↓ 延时一定时间，至少大于 t_D ↓ 读数据 ↓ E=0 ↓ **结束** 忙碌检测程序流程图	1	#include" reg51. h"	//包含头文件 reg51. h
		2	#include" intrins. h"	//包含_nop_( )函数定义的头文件
		3	sbit RS = P2^7;	//RS 位引脚定义
		4	sbit RW = P2^6;	//RW 位引脚定义
		5	sbit E = P2^5;	//E 位引脚定义
		6	sbit BF = P0^7;	//忙碌标志位引脚定义
		7	unsigned char code disdata [ ] = { " Wu Zeqiang " };	//显示字符定义
		8	unsigned char busytest(void)	/＊忙碌测试函数＊/
		9	{	
		10	unsigned char value;	
		11	RS = 0;	//设置为命令
		12	RW = 1;	//读操作
		13	E = 1;	//E=1,读开始
		14	delay3us( );	//延时,给硬件反应时间
		15	value = BF;	//将忙碌标志赋给 value
		16	E = 0;	//将 E 恢复低电平
		17	return value;	//返回忙碌标志位
		18	}	

续表

名称	LCD1602 显示控制程序		检索编号	XM6-01-02

	流程图		程序	注释
程序设计	写命令程序流程图	19	void write _ cmd (unsigned char com)	/＊写命令函数＊/
		20	{	
		21	while(busytest( ) = =1);	//忙碌检测
		22	RS＝0;	//写入指令
		23	RW＝0;	//写操作
		24	E＝0;	//E 置低电平,为写操作作准备
		25	P0＝com;	//将数据送入 P0 口,即写入指令或地址
		26	E＝1;	//E 拉高,E 信号正跳变,液晶模块开始执行命令
		27	delay3us( );	//延时,给硬件反应时间
		28	E＝0;	//写结束
		29	}	
	写数据程序流程图	30	void write_dat(unsigned char dat)	/＊写数据函数＊/
		31	{	
		32	while(busytest( ) = =1);	//忙碌检测
		33	RS＝1;	//写入数据
		34	RW＝0;	//写操作
		35	E＝0;	//E 置低电平,为写操作作准备
		36	P0＝dat;	//将数据送入 P0 口,即写入数据
		37	E＝1;	//E 拉高,E 信号正跳变,液晶模块开始执行命令
		38	delay3us( );	//延时,给硬件反应时间
		39	E＝0;	//写结束
		40	}	
		41	void lcd_int(void)	/＊液晶初始化函数＊/
		42	{	
		43	write_cmd(0x38);	//设置 1602 功能,两行显示,8 位数据接口,5×7 点阵字符
		44	delay3us( );	//延时,给硬件反应时间

续表

名称	LCD1602 显示控制程序		检索编号	XM6-01-02

	流程图		程序	注释
程序设计	主程序流程图	45	write_cmd(0x06);	//设置输入方式,数据读写后 AC 自动+1,输出显示保持不变
		46	delay3us();	//延时,给硬件反应时间
		47	write_cmd(0x0c);	//开显示,关光标,关闪烁
		48	delay3us();	//延时,给硬件反应时间
		49	write_cmd(0x01);	//清屏,光标归零
		50	}	
		51	void main()	/* 主函数 */
		52	{	
		53	unsigned char i;	//定义变量 i 用于字符移动
		54	P0 = 0xff;	//软件屏蔽,提高程序稳定性
		55	lcd_int();	//液晶初始化
		56	delay(200);	//延时,保证初始化可靠
		57	write_cmd(0x84);	//指定显示位置
		58	delay(200);	
		59	for(i=0;disdata[i]! ='\0'; i++)	//液晶写字符,到空字符停止
		60	{	
		61	write_dat(disdata1[i]);	//将数组中的字符内容写入液晶中
		62	delay(200);	
		63	}	
		64	while(1);	//让程序停止运行,保证显示的稳定性
		65	}	

程序流程图:开始 → 初始化 → 显示位置设定 → 显示是否结束?(Y/N) → 送显示码 → 延时 → 结束

主程序流程图

程序说明	第3行:定义液晶命令和数据选择引脚。当 RS=0 时,对液晶进行命令操作;当 RS=1 时,对液晶进行数据操作。 第4行:定义液晶读写操作引脚。当 RW=0 时,对液晶进行写操作;当 RW=1 时,对液晶进行读操作。液晶作为显示器件,绝大多数操作是写操作,读操作是针对液晶忙碌标志位的操作。 第5行:液晶使能引脚定义,液晶的操作是在使能信号 E 的配合下进行的。 第6行:忙碌标志位引脚定义,为了解决高速处理器和低速液晶显示速度匹配问题,在 LCD1602 数据位最高位设置了忙碌标志位 BF。当 BF=1 时,说明液晶当前忙,需要单片机等待;当 BF=0 时,表示液晶空闲,单片机可以送显示数据。

续表

名称	LCD1602 显示控制程序	检索编号	XM6-01-02

<table>
<tr><td rowspan="1">程序说明</td><td colspan="3">

第 8—18 行:忙碌检测函数,读液晶忙碌标志位 BF,并将 BF 返回给函数,供程序判断。LCD1602 读数据是在 E 信号为高电平时进行的,为了让读操作可靠,就需要设置适当的延时,来解决单片机快速刷新和液晶反应缓慢的矛盾。延时函数的延时基值大于读操作数据建立时间 t_D(t_D 的值见表 6.1.5)即可,不宜设置过长,否则会让程序变得迟钝。

第 19—29 行:写指令函数。LCD1602 写操作是在 E 信号正跳变(电平由低电平变高电平成为正跳变,反之成为负跳变)时进行的。在操作前,需要将 E 信号拉低,为写操作做准备。和读操作一样,为了操作可靠,写操作也需要设置适当的延时,延时函数的延时基值大于写操作数据建立时间 t_{SP2}(t_{SP2} 的值见表 6.1.6)。

第 30—40 行:写数据函数。写数据和写命令函数,除 RS 引脚不同外,函数基本相同。在有些编程中,可以将这两个函数写在一起,具体如下:

```
void write( unsigned char rs, unsigned char dat_dat) //形式参数:rs=0,写命令;rs=1,写数据。dat_dat 写入的数据
{
    while( busytest( )= =1) ;   //忙碌检测
    RS=rs;                      //写入指令和命令选择
    RW=0;                       //写操作
    E=0;                        //E 置低电平,为写操作作准备
    P0=dat_dat;                 //将数据送入 P0 口,即写入指令或数据
    E=1;                        //E 拉高,E 信号正跳变,液晶模块开始执行命令
    delay3us( );                //延时,给硬件反应时间
    E=0;                        //写结束
}
```

第 41—50 行:液晶初始化程序,LCD1602 初始化指令是根据不同的显示要求设置的。具体设置可查表 6.1.4。

第 57 行:显示位置指定,LCD1602 第一行的显示从 0x80 开始,第二行的显示从 0xC0 开始。指定各行第一个显示位置后,后面的显示地址计数器 AC 会自动加 1,无须指定。

第 64 行:液晶显示中,如果不加该语句,单片机会一直向 LCD1602 送显示码。这样液晶就会出现"闪屏"现象。加上 while(1)死循环指令后,程序就停止显示内容刷新,让显示内容变得稳定,但在一些需要不断更新显示内容的场合不适应,要根据实际情况灵活运用。

</td></tr>
</table>

编程小技巧

LCD1602 遇到显示内容较多,如像字符串" ＊＊＊＊＊＊＊＊＊＊Welcome To ＊＊＊＊＊＊ ＊＊＊＊＊"和"Gansu Nongken Vocational School",无法一次性显示完时,可以通过滚屏的方式进行显示。具体程序如下(引脚定义、延时函数和忙碌检测函数与前面程序相同,不再赘述):

unsigned char code disdata1[ ] = {" ＊＊＊＊＊＊＊＊＊＊Welcome To ＊＊＊＊＊＊＊＊＊＊ ＊"};//定义字符数组显示提示信息

```
unsigned char code disdata2[ ] = { "Gansu Nongken Vocational School" } ; //定义字
符数组显示提示信息
/ * 写函数 * /
void write( unsigned char rs,unsigned char dat_dat) //形式参数:rs = 0,写命令;rs =
1,写数据。dat_dat 写入的数据
{
    while( busytest( ) = =1) ;    //忙碌检测
    RS = rs;                      //写入指令和命令选择
    RW = 0;                       //写操作
    E = 0;                        //E 置低电平,为写操作作准备
    P0 = dat_dat;                 //将数据送入 P0 口,即写入指令或数据
    E = 1;                        //E 拉高,E 信号正跳变,液晶模块开始执行命令
     delay3us( ) ;                //延时,给硬件反应时间
     E = 0;                       //写结束
}
/ * 初始化程序 * /
void lcd_int( void)
{
    write(0,0x38) ;//设置 1602 功能,两行显示,8 位数据接口,5×7 点阵字符
    delay3us( ) ;    //延时,给硬件反应时间
    write(0,0x06) ;//设置输入方式,数据读写后 AC 自动+1,输出显示保持不变
    delay3us( ) ;    //延时,给硬件反应时间
    write(0,0x0c) ;//开显示,关光标,关闪烁
    delay3us( ) ;    //延时,给硬件反应时间
    write(0,0x01) ;//清屏,光标归零
    delay3us( ) ;    //延时,给硬件反应时间
}
/ * 字符写入函数 * /
void dis_string( unsigned char row,unsigned char col,unsigned char * s)    //形式参
数:row 表示 1602 写入的行数,0,第一行,1,第二行;col 列数起始位置;* s 写入的字符
{
unsigned char i;    //定义字符数组变量
row% =2;          //防止行越限
col% =40;         //防止列越限
if( row) write(0,0xc0+col) ;    //row = 1,第二行写入
else write(0,0x80+col) ;        //row = 0,第一行写入
for( i=0;col<40&&s[ i]! ='\0' ;i++,col++)
```

```
    {
      write(1,s[i]);      //写字符
      delay(200);         //延时,保证可靠写入
    }
}
/*主函数*/
void main()
{
P0=0xff;          //软件屏蔽,提高程序稳定性
lcd_int();//液晶初始化
delay(200);       //延时,保证初始化可靠
while(1)
{
write(0,0x1c);//字符左移
dis_string(0,0,disdata1);      //第一行,起始第一列,写入数组 disdata1 内容
dis_string(1,0,disdata2);      /第二行,起始第一列,写入数组 disdata2 内容
delay(1000);
    }
  }
}
```

3. 软件仿真

微课视频

表 6.1.9　仿真任务单

任务名称		LCD1602 显示控制仿真		检索编号	XM6-01-03
专业班级			任务执行人	接单时间	
执行环境		☑ 计算机:CPU 频率≥1.0 GHz,内存≥1 GB,硬盘容量≥40 GB,操作平台 Windows ☑ Keil uVision4 软件　　　☑ Proteus 软件			
任务大项	序号	任务内容	技术指南		
仿真电路图绘制	1	运行 Proteus 软件,设置原理图大小为 A4	运行 Proteus 软件,菜单栏中找到 system 并打开,选择"Set sheet sizes",选择图纸 A4。设置完成后,将图纸按要求命名和存盘		

续表

任务大项	序号	任务内容	技术指南
仿真电路图绘制	2	在元件列表中添加表 6.1.7"元件清单"中所列元器件	元件添加时单击元件选择按钮"P(pick)",在左上角的对话框"keyword"中输入需要的元件名称。各元件的 Category(类别)分别为单片机 AT89C52(Microprocessor AT89C52)、晶振(CRYSTAL)、电容(CAPACITOR)、电阻(Resistors)、发光二极管(LED-BLBY)、LCD1602(LM016L)、滑动变阻器(POT-HG) 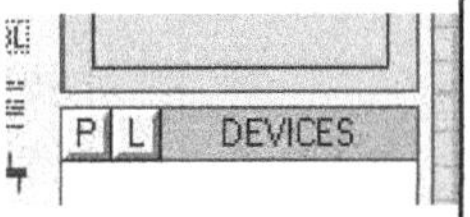 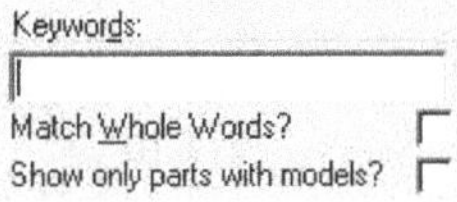
	3	将元件列表中元器件放置在图纸中	在元件列表区单击选中的元件,鼠标移到右侧编辑窗口中,鼠标变成铅笔形状,单击左键,框中出现元件原理图的轮廓图,可以移动。鼠标移到合适的位置后,按下鼠标左键,元件就放置在原理图中
	4	添加电源及地极	单击模型选择工具栏中的 图标,选择"POWER(电源)"和"GROUND(地极)"添加至绘图区 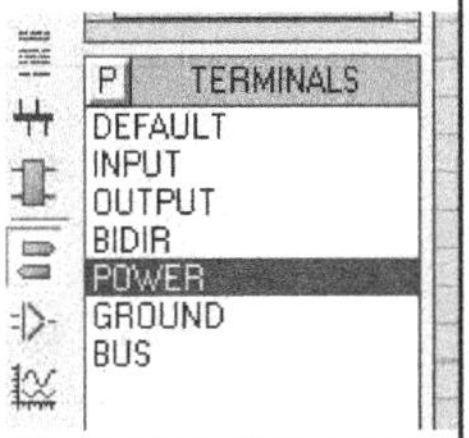
	5	按照表 6.1.7"硬件电路"将各个元器件连线	鼠标指针靠近元件的一端,当鼠标的铅笔形状变为绿色时,表示可以连线了,单击该点,再将鼠标移至另一元件的一端单击,两点间的线路就画好了
	6	LCD1602 电路连接	LCD1602 中的"VEE"是原理图中的"VL",电路连接时可以接滑动变阻器,也可以与电源地直接相连。其他引脚按照原理图连接即可 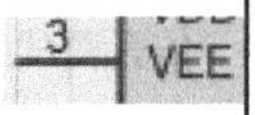
	7	绘制总线	在绘图区域单击鼠标右键,选择"Place",在下拉列表中选择"Bus"按键 Bus,或单击软件中 图标,可完成总线绘制
	8	放置网络端号	用总线连接的各个元件需要添加网络端号才能实现电气上的连接。具体方面:选择需要添加网络端号的引脚,单击鼠标右键,选择"Place Wire Label" Place Wire Label,在"String"对话框中输入网络端号名称,网络端号的命名要简单明了,如与 P1.0 口连接的 LED 可以命名成"P10" 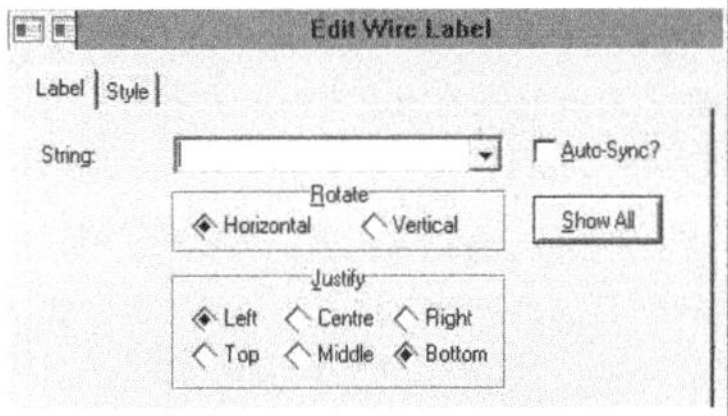

续表

任务大项	序号	任务内容	技术指南
仿真电路图绘制	9	按照表6.1.7"元件清单"中所列元器件参数编辑元件,设置各元件参数	双击元件,会弹出编辑元件的对话框。输入元器件参数。"component reference"输入编号。"Hidden"勾选就会隐藏前面选项
C语言程序编写	10	运行Keil软件,创建任务的工程模板	运行Keil软件,创建工程模板,将工程模板按要求命名并保存
	11	录入表6.1.8中的程序	程序录入时,输入法在英文状态下。表单中"注释"部分是为方便程序阅读,与程序执行无关,可以不用录入
	12	程序编译	程序编译前,在Target"Output页"勾选"Create HEX File"选项,表示编译后创建机器文件,然后编译程序
	13	程序调试	如果没有包含"reg51.h"头文件,程序会报:error C202:'P0':undefined identifier
	14	输出机器文件	机器文件后缀为.hex,为方便使用,要和程序源文件分开保存
仿真调试	15	程序载入	在Proteus软件中,双击单片机,单击图标,找到后缀名为.hex的存盘程序,导入程序
	16	运行调试	单击运行按钮▶开始仿真。在仿真运行时,红色小块表示电路中输出的高电平,蓝色小块表示电路中输出的低电平,灰色小块表示电路高阻态

4. 考核评价

表 6.1.10   任务考评表

名称		LCD1602 显示控制任务考评表			检索编号	XM6-01-04	
专业班级			学生姓名			总分	
考评项目	序号	考评内容	分值	考评标准		学生自评	教师评价
仿真电路图绘制	1	运行 Proteus 软件，按要求设置	5	软件不能正常打开扣 2 分，设置不正确每项扣 1 分			
	2	添加元器件	5	无法添加元件，或者元件添加错误，每处扣 1 分			
	3	修改元器件参数	5	元器件、文字符号错误或不符合行业规定，每处扣 1 分			
	4	元器件连线	10	元器件连接错误，电源连接错误，网络端号编写错误，每处扣 1 分；连线凌乱，电路图不美观酌情扣 1~3 分			
C 语言程序编写	5	运行 Keil 软件，创建任务的工程模板	5	软件设置不正确，每项扣 1 分；Keil 工程创建错误，工程设置错误，每处扣 1 分			
	6	程序编写	10	程序编写错误，不能排除程序错误，每处错误扣 1 分			
	7	程序编译	10	程序无法编译，不能排除错误，每处错误扣 1 分			
仿真调试	8	程序载入	5	程序载入错误，仿真不能按要求进行，每处扣 1 分			
	9	运行调试	5	程序调试过程不符合操作规程，每处扣 1 分			
道德情操	10	热爱祖国、遵守法纪、遵守校纪校规	10	非法上网，非法传播不良信息和虚假信息，每次扣 5 分。出现违规行为，成绩不合格			
	11	讲文明、懂礼貌、乐于助人	10	不文明实训，同学之间不能相互配合，有矛盾和冲突，每次扣 5 分。			

续表

考评项目	序号	考评内容	分值	考评标准	学生自评	教师评价
专业素养	12	实训室设备摆放合理、整齐	5	不按规定摆放实训物品和学习用具，每处扣1分。随意挪动设备，更改计算机设置，发现一次扣1分		
	13	保持实训室干净整洁，实训工位洁净	5	乱摆放工具、乱丢弃杂物、实训结束后不清理实训工位，每处扣1分		
	14	遵守安全操作规程，遵守纪律，爱惜实训设备	5	不正确使用计算机，出现违反操作规程的(如非法关机)，每次扣4.5分。故意损坏设备，照价赔偿		
	15	操作认真，严谨仔细，有精益求精的工作理念	5	操作粗心，实训敷衍，每次扣4.5分		
日期				教师签字：		

闯关练习

表6.1.11　练习题

名称		闯关练习题		检索编号	XM6-01-05
专业班级		学生姓名		总分	
练习项目	序号	考评内容		学生答案	教师批阅
单选题50分	1	对LCD1602进行写命令操作，要求( )。 A. RS=0,R/W=0　　　　B. RS=0,R/W=1 C. RS=1,R/W=0　　　　D. RS=1,R/W=1			
	2	对LCD1602进行读状态操作，要求( )。 A. RS=0,R/W=0　　　　B. RS=0,R/W=1 C. RS=1,R/W=0　　　　D. RS=1,R/W=1			
	3	对LCD1602进行写数据操作时，除让RS=0,R/W=0,使能信号E的要求是( )。 A. 0　　　　　　　　　B. 1 C. 下降沿　　　　　　　D. 上升沿			
	4	下列可以实现LCD1602关显示功能的是( )。 A. write_cmd(0x38);　　B. write_cmd(0x0C); C. write_cmd(0x01);　　D. write_cmd(0x08);			

续表

练习项目	序号	考评内容	学生答案	教师批阅
判断题 50 分	5	下列可以实现 LCD1602 清屏,光标归零功能的是( )。 A. write_cmd(0x38); B. write_cmd(0x0C); C. write_cmd(0x01); D. write_cmd(0x08);		
	6	LCD1602 液晶屏有 10 位数据输入输出脚		
	7	在 LCD1602 中,字符的标准 ASCII 码在液晶控制器 HD4480 内藏的字符发生存储器(CG ROM)中,无须编程人员生成		
	8	LCD1602 每行可以显示 16 个字符,但每行可以送显 128 个字符,多出的内容通过"移屏"来显示		
	9	为了解决高速处理器和低速液晶显示速度匹配问题,在 LCD1602 数据位最高位设置了忙碌标志位 BF。当 BF = 1 时,说明液晶当前忙,需要单片机等待;当 BF = 0 时,表示液晶空闲,单片机可以送显示数据		
	10	LCD1602 显示模式设置中,清屏设置是清除 DDRAM 的内容		
日期		教师签字:		

任务 6.2 LCD12864 显示控制

一、任务情境

在许多显示场合,除显示数字和字母等信息外,还需要显示汉字和图片。而 LCD1602 显示屏幕小,往往无法实现。本任务是在上一个任务的基础上,继续介绍液晶的操作,学习可以显示汉字、图片的液晶 LCD12864 的操作。通过单片机控制,让液晶分行显示"我爱你中国"和"I Love China"。

二、任务分析

LCD12864 是一块点阵图形显示器,显示分辨率为 128(列)×64(行)。根据控制驱动器种类不同,LCD12864 分为带中文字库的 ST7920 类、不带字库的 KS0108 类、带西文字库的 T6963C 类和结构轻便的 S6B0724 类等。其中,PSB 引脚是 ST7920 类液晶标志性引脚;CS1 和 CS2 引脚是 KS0108 类液晶标志性引脚;FS 引脚是 T6963C 类液晶标志性引脚。通过这些液晶接口的丝印指示,就可以判断该液晶的种类。

微课视频

带中文字库的 ST7920 类 LCD12864 使用起来简单方便,可以工作在汉字字符方式和图形点阵方式下,支持 8 位、4 位并行和串行总线接口。在显示较多的汉字时,可以使用该种液晶。但是该液晶在高频显示中,效果略差于不带字库的 KS0108 类液晶,且价格较高。

不带字库的 KS0108 类液晶 LCD12864 不但价格较低,而且使用灵活,本任务重点介绍这类液晶的基本结构和使用方法。如图 6.2.1 所示为 LCD12864 的引脚图。各个引脚的功能见表 6.2.1。

表 6.2.1　LCD12864 引脚功能表

编号	符号	引脚功能
1	VSS	电源地
2	VDD	电源正极 +5 V
3	VL	LCD 驱动电压输入端(对比度调节)
4	RS	数据/指令寄存器选择。高电平数据,低电平为指令
5	R/$\overline{\text{W}}$	读/写选择。高电平为读,低电平为写
6	E	使能端
7—14	D0—D7	双向数据线
15	CS1	左半屏选择,高电平有效
16	CS2	右半屏选择,高电平有效
17	$\overline{\text{RST}}$	信号复位引脚,低电平有效
18	VEE	负压输入输出端
19	LED+	背光电源正极,+5 V
20	LED-	背光电源负极,0 V

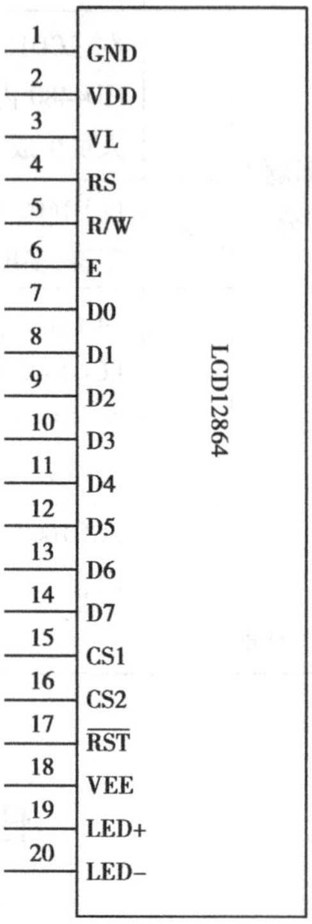

图 6.2.1　LCD12864 引脚图

LCD12864 的引脚中,VSS、VDD、VL、RS、R/W 和 E 功能与 LCD1602 相同,这里不再赘述。RS、R/W 和 E 的逻辑组合功能见表 6.1.2。下面介绍与 LCD1602 不同的引脚:

①引脚 14 和 15:CS1 和 CS2,片选信号控制引脚,高电平有效(仿真时低电平有效)。液晶的行驱动器 KS0107 是一片,而列驱动器 KS0108 是两片,分别控制左右屏。列驱动器 KS0108 的选通就是用 CS1 和 CS2。

②引脚 17:$\overline{\text{RST}}$,复位引脚。该引脚用于软件复位,低电平有效。在单片机 I/O 不足的情况下,可以直接接高电平。

三、知识链接

微课视频

1. LCD12864 显示结构

LCD12864 由 128×64 个液晶显示点组成 128 列×64 行的阵列。其中,128 列分为左 64 列和右 64 列,在液晶上对应左屏和右屏显示,由片选信号 CS1 和 CS2 控制选通。64 行分为 8 页,每一页纵向 8 位显示一个字节。LCD12864 点阵图如图 6.2.2 所示。

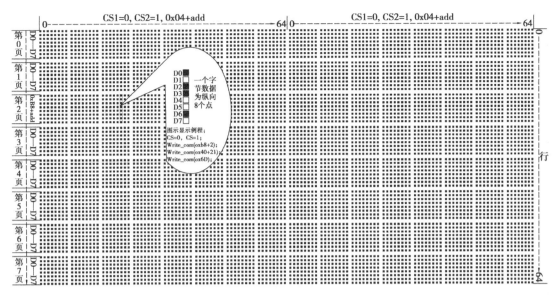

图 6.2.2　LCD12864 点阵图

在 LCD12864 中,行驱动由一片行驱动器 KS0107B 控制,左屏的 64 列和右屏的 64 列分别由两片列驱动器 KS0108B 控制。当片选信号 CS1 = 0,CS2 = 1 时,选通第一片列驱动器 KS0108,对应液晶左屏亮;当片选信号 CS1 = 1,CS2 = 0 时,选通第二片列驱动器 KS0108,对应液晶右屏亮。具体控制结构图如图 6.2.3 所示。

LCD12864 的基本读写操作函数和指令与 LCD1602 类似,可以参考上个任务。需要说明的是,LCD12864 在内部是分为两片 64×64 的液晶,对其进行写入操作时要分别进行。

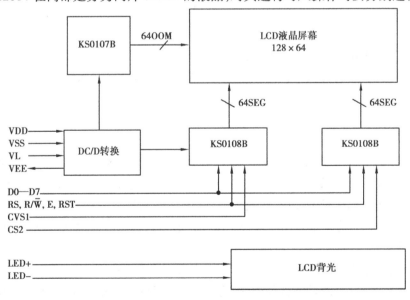

图 6.2.3　LCD12864 控制结构图

2. LCD12864 控制指令

无字库型液晶 LCD12864 的控制指令比较简单,见表 6.2.2。

表 6.2.2   LCD12864 控制指令

控制端		指令的二进制代码								指令功能说明
RS	R/W	D7	D6	D5	D4	D3	D2	D1	D0	
0	0	0	0	1	1	1	1	1	D	显示开关。D=1,开显示;D=0,关显示
0	0	1	1	L5	L4	L3	L2	L1	L0	显示起始行设置。起始地址从 0xC0 开始。L5—L0 表示要设置的起始行号(0—63)
0	0	1	0	1	1	1	P2	P1	P0	页面地址设置。起始页码从 0xB8 开始。P2—P0 表示要设置的页地址(0—7)
0	0	0	1	C5	C4	C3	C2	C1	C0	列地址设置。起始列地址从 0x40 开始。C5—C0 表示要设置的列地址(0—63)。读操作时列地址自动加1,从 0 至 63 循环,不换行
0	1	BF	0	on/off	rst	0	0	0	0	BF=1,液晶忙;BF=0,液晶闲 on/off=1,显示关闭,on/off=0,显示打开 rst=1,复位状态;rst=0,正常状态
1	0	数据								写数据
1	1	数据								读数据

与 LCD1602 显示一样,LCD12864 显示需要指定显示位置。通过起始行、起始页和起始列地址的加偏移地址来实现。需要说明的是,起始列地址设置以后,列地址会自动加1,在 0—63 循环,不自动换行。

3. LCD12864 的显示

LCD12864 的读操作函数、写操作函数和忙碌判断函数与 LCD1602 相同。理论上 LCD12864 可以显示任意像素阵列构成的图形信息。但是为了数据处理和编程方便,只对常用字符、汉字和图形的显示做说明,其他一般字符阵列读者可以自行编写。

在字符显示中,首先对显示字符取模。取模是通过取模软件,将需要显示的字符、汉字和图片内容生成表示点阵图形的二进制码(或十六进制码)的过程。如图 6.2.4 所示的取模软件中,英文字母和数字一般取 8×16 的点阵。取模形式为纵向取模,字节倒序。

取好字模后,指定好液晶的显示位置,就可以正常显示。LCD12864 是由两块 64×64 的液晶构成,在显示字符信息时,要注意左右屏的"跨屏"问题。

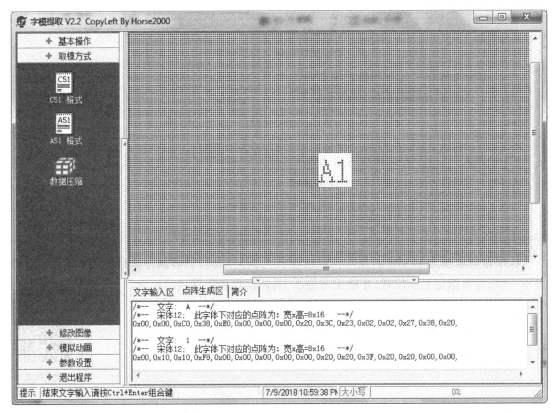

图 6.2.4　字模提取软件

知识小贴士

　　LCD12864 左右屏的"跨屏"程序：

　　第一种"跨屏"程序是用片选信号 CS1 和 CS2 的不同组合，直接指定显示的屏幕位置，如下列程序段：

```
/ * 选屏函数 * /
void select_screen( uchar screen)
{ switch( screen)
  {
    case 0： cs1 = 0； cs2 = 0； break；      //选择全屏
    case 1： cs1 = 1； cs2 = 0； break；      //选择左屏
    case 2： cs1 = 0； cs2 = 1； break；      //选择右屏
  }
}
```

　　第二种"跨屏"程序是编写一个向右的跨屏检测函数，当左屏检测到越界时，跨到右屏相应的位置。按照显示习惯，一般不作右屏越界检测，有兴趣的读者可以自己编写右屏越界检测，看看显示效果，如下列程序段：

```
    for(j=0;j<128;j++)      //满屏显示128列
    {
      if(j<64)       //判断左屏显示
      { select_screen(1); //左屏显示
       ……
      }
      else        //左屏超限后跨右屏
      { select_screen(2);  //右屏显示
       ……
      }
```

汉字常规取模为16×16的点阵。取模形式为纵向取模,字节倒序。取好字模后,和字符显示一样,需要指定显示位置,才能正常显示,具体操作和字符显示相同。

四、任务实施

1. 电路搭建

微课视频

表6.2.3　硬件电路图

名称	LCD12864 显示控制电路图	检索编号	XM6-02-01
硬件电路	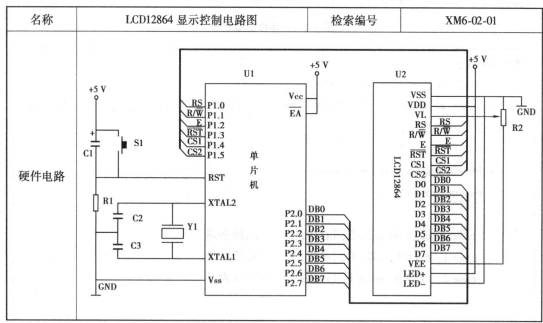		

续表

元件清单	编号	名称	参数	数量	编号	名称	参数	数量
	U1	单片机 AT89C51	DIP40	1	S1	微动开关	6*6*4.5	1
	R1	电阻	10 kΩ, 1/4 W,1%	1	R2	电位器	10 k 卧式	1
	U2	LCD12864	5 V,蓝屏	1	C2、C3	瓷片电容	22 pF	2
	C1	电解电容	22 μF/25 V	1	Y1	晶体振荡器	12 MHz 49 s	1

2. 程序编写

表 6.2.4 程序编写表

名称		LCD12864 显示控制程序		检索编号	XM6-02-02

程序设计	流程图		程序	注释
	忙碌检测程序流程图	1	#include"reg51.h"	//包含头文件 reg51.h
		2	#include"intrins.h"	//包含_nop_()函数的头文件
		3	#define uint unsigned int	
		4	#define uchar unsigned char	
		5	#define lcd_off 0x3E	//显示器关闭
		6	#define lcd_on 0x3F	//显示器打开
		7	#define set_l 0xC0	//设置起始行
		8	#define set_p 0xB8	//设置起始页数(第0页)
		9	#define set_c 0x40	//设置起始列地址(第0列)
		10	sbit RS = P2^5;	//RS 位引脚定义
		11	sbit RW = P2^6;	//RW 位引脚定义
		12	sbit E = P2^7;	//E 位引脚定义
		13	sbit cs1 = P2^4;	//将 cs1 位定义为 P2.4 引脚
		14	sbit cs2 = P2^3;	//将 cs2 位定义为 P2.3 引脚
		15	uchar code hz_code[] = {};	//依图 6.2.4 取汉字模
		16	uchar code sign_code[] = {};	//依图 6.2.4 取字母模
		17	void busytest(void)	/*忙碌测试函数*/
		18	{	
		19	uchar buff;	//设置忙碌位

续表

流程图		程序	注释
程序设计	20	RS=0;	//设置为命令
	21	RW=1;	//读操作
	22	do{	
	23	buff=0x00;	//软件屏蔽清零
	24	E=1;	//E=1,读开始
	25	delay3us();	//延时,给硬件反应时间
	26	buff=P0;	//读 P0 口数据
	27	E=0;	//将 E 恢复低电平
	28	buff=0x80&buff;	//与运算提前第7位
	29	} while (！(buff == 0x00));	
	30	}	
	31	void select_screen(uchar s)	/＊选屏函数＊/
	32	{	
	33	switch(s)	
	34	{	
	35	case 0：cs1=0; cs2=0; break;	//选择全屏
	36	case 1：cs1=1; cs2=0; break;	//选择左屏
	37	case 2：cs1=0; cs2=1; break;	//选择右屏
	38	}	
	39	}	
	40	void display_hz(uchar ss, uchar p,uchar c,uchar n)	/＊显示全角汉字函数＊/ // ss:选屏;p:选页;c:选列;n:选第几汉字输出
	41	{	
	42	uchar i=0;	
	43	uchar j=0;	
	44	for(j=0;j<2;j++)	//一个汉字需两页显示
	45	{	
	46	select_screen(ss);	

写汉字程序流程图

初始化程序流程图

续表

流程图		程序	注释
程序设计	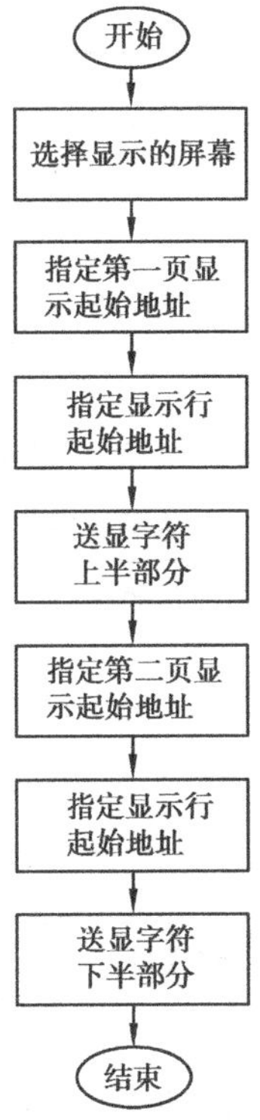 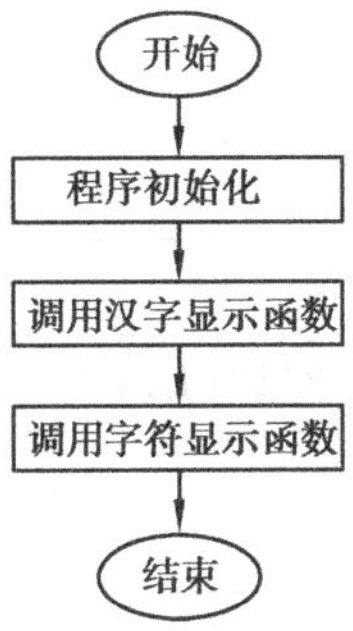	47　write_cmd(set_p+p+j);	//设置页
		48　write_cmd(set_c+c);	//设置列
		49　for(i=0;i<16;i++)	//控制 16 列的数据输出
		50　{write_dat(hz_code[i+32 * n+16 * j]);}	//i+32 * n 汉字的前 16 个数据输出
		51　}	
		52　}	
		53　void display_sign(uchar ss, uchar p,uchar c,uchar n)	/ * 显示字符函数 * / // ss:选屏;p:选页;c:选列;n:选第几字符输出
		54　{	
		55　uchar i=0;	
		56　uchar j=0;	
		57　for(j=0;j<2;j++)	//一个字符需两页显示
		58　{	
		59　select_screen(ss);	
		60　write_cmd(set_p+p+j);	//设置页
		61　write_cmd(set_c+c);	//设置列
		62　for(i=0;i<8;i++)	//控制 8 列的数据输出
		63　{write_dat(sign_code[i+16 * n+8 * j]);}	//i+16 * n 字符的前 8 个数据输出
		64　}	
		65　}	
		66　void clear_screen(uchar ss)	/ * 液晶清屏函数 * /
		67　{	
		68　uchar i,j;	
		69　select_screen(ss);	
		70　for(i=0;i<8;i++)	//控制页数 0—7,共 8 页
		71　{	
		72　write_cmd(set_p+i);	
		73　write_cmd(set_c);	
		74　for(j=0;j<64;j++)	//控制列数 0—63,共 64 列
		75　{	

流程图部分(左栏):

开始 → 选择显示的屏幕 → 指定第一页显示起始地址 → 指定显示行起始地址 → 送显字符上半部分 → 指定第二页显示起始地址 → 指定显示行起始地址 → 送显字符下半部分 → 结束

写字符程序流程图

开始 → 程序初始化 → 调用汉字显示函数 → 调用字符显示函数 → 结束

主程序流程图

续表

流程图		程序	注释
程序设计	76	write_cmd(set_c+j);	//可以不用写,列地址自动加1
	77	write_dat(0x00);}	//写空内容
	78	}	
	79	}	
	80	void lcd_int(void)	/*液晶初始化函数*/
	81	{	
	82	select_screen(0);	//双屏选择
	83	clear_screen(0);	//清双屏
	84	write_cmd(lcd_off);	//关显示
	85	write_cmd(set_p+0);	//设置液晶显示从第一页开始
	86	write_cmd(set_c+0);	//设置液晶显示从第一列开始
	87	write_cmd(set_l+0);	//设置液晶显示从第一行开始
	88	write_cmd(lcd_on);	//开显示
	89	}	
	90	void main()	/*主函数*/
	91	{	
	92	uchar i;	//定义 i 用来改变页
	93	uchar j;	//定义 j 来改变列
	94	uchar k=0;	//取数组中的相应汉字或字母
	95	lcd_int();	//初始化 LCD12864
	96	for(j=0;j<4;j++)	//左屏显示汉字"我爱你中"
	97	display_hz(1,0,j*16,k++);	
	98	display_hz(2,0,0,k);	//右屏显示汉字"国"
	99	k=0;	//重新装初值
	100	for(j=0;j<8;j++)	//左屏显示字母"I Love "
	101	display_sign(1,2,j*8,k++);	
	102	for(j=0;j<5;j++)	//右屏显示字母"China"
	103	display_sign(2,2,j*8,k++);	
	104	}	
	105	}	

流程图部分:

开始
↓
选择显示的屏幕
↓
指定第一页显示起始地址
↓
指定显示行起始地址
↓
送显字符上半部分
↓
指定第二页显示起始地址
↓
指定显示行起始地址
↓
送显字符下半部分
↓
结束

写字符程序流程图

开始
↓
程序初始化
↓
调用汉字显示函数
↓
调用字符显示函数
↓
结束

主程序流程图

续表

程序说明	说明:程序中用到液晶写数据函数 write_dat( ) 和液晶写命令函数 write_cmd( ) 与上一个任务中的函数相同,本表中没有罗列函数体。为保证程序的完整性,在编程时请读者参考上一个任务自行添加。 第 15—16 行:液晶显示数组定义。通过取模软件对汉字和字符取模时,字形码可以用一个一维数组定义一个汉字(或字符),也可以定义多个汉字(或字符)。不同的定义形式,在程序的编写上略有不同,本例程是用一个一维数组定义多个汉字(或字符),它们的取模格式如下: /*--　文字:　我　--*/ /*--　宋体 12;　此字体下对应的点阵为:宽 x 高 =16x16　--*/ 0x20,0x24,0x24,0x24,0xFE,0x23,0x22,0x20,0x20,0xFF,0x20,0x22,0x2C,0xA0,0x20,0x00, 0x00,0x08,0x48,0x84,0x7F,0x02,0x41,0x40,0x20,0x13,0x0C,0x14,0x22,0x41,0xF8,0x00, /*--　文字:　I　--*/ /*--　宋体 12;　此字体下对应的点阵为:宽 x 高 =8x16　--*/ 0x00,0x08,0x08,0xF8,0x08,0x08,0x00,0x00,0x00,0x20,0x20,0x3F,0x20,0x20,0x00,0x00, 通过取模格式可知,汉字和字符的显示高度都是 16 行,需要两页来显示。不同的是,汉字宽 16列,字符宽 8 列。在液晶显示时,显示一个汉字的位置上可以显示两个字符。 第 17—30 行:液晶忙碌检测函数。这个函数和上一个任务中的忙碌检测函数所实现的功能是一致的,不同的是它使用了 do-while 语句。液晶的忙碌判断在忙碌检测函数中已经作判断,程序调用时,不再进行判断。 第 40—52 行:汉字显示函数。LCD12864 显示汉字时,采用逐页逐列显示的方式。具体是:先显示第一页,在第一页中,按列逐列显示。第一页显示完成后,再逐列显示第二页。程序编写时,可以用一个 for 语句来实现(第 44 行)。 第 46—48 行:显示位置指定。通过这 3 行程序,确定显示汉字的具体位置。 第 49 行:列码输出程序。通过 for 循环控制 16 列字形码输出。 第 50 行:汉字输出程序。数组 hz_code[i+32*n+16*j] 中下标"i+32*n+16*j"的具体含义是:"i"表示列循环的具体列数;"n"表示汉字个数,用取模软件提取的汉字字形码中,32 个数构成一个汉字。前 16 个数表示第一页中的 16 列,用于显示汉字上半部。后 16 个数表示第二页中的 16 列,用于显示汉字的下半部;"j"表示页数。 第 53—65 行:字符显示函数。除 62、63 行外,其他程序段和汉字显示函数相同。 第 62 行:列码输出程序。通过 for 循环控制 8 列字形码输出。 第 63 行:字符输出程序。数组 sign_code[i+16*n+8*j] 中下标"i+16*n+8*j"的具体含义是:"i"表示列循环的具体列数;"n"表示字符个数,用取模软件提取的字符字形码中,16 个数构成一个字符。前 8 个数表示第一页中的 8 列,用于显示字符上半部。后 8 个数表示第二页中的 8 列,用于显示字符的下半部;"j"表示页数。 第 66—79 行:清屏函数。清屏函数的作用是清除液晶显存中的数据。具体做法是逐页(70 行)、逐列(74 行)向液晶送数据 0x00(77 行)。 第 97 行:按照 LCD12864 的显示特点,1 个汉字显示需要 16 列,函数 display_hz(1,0,j*16,k++) 中,"j*16"表示相邻两个汉字是以 16 列的倍数显示,半屏最多可以显示 4 个汉字。 第 101 行:按照 LCD12864 的显示特点,1 个字符显示需要 16 列,函数 display_sign(1,2,j*8,k++) 中,"j*8"表示相邻两个字符是以 8 列的倍数显示,半屏最多可以显示 8 个字符。

编程小技巧

LCD12864 除了显示字符和汉字外,还可以显示 128×64 像素的图片。在图片显示前,需要对它进行数字化。可以用下列两种方法:

方法一:用点阵生成软件将所需要的图片处理成点阵图,然后送 LCD12864 显示,处理时需要注意图片的大小,不能超过液晶的显示尺寸。

方法二:用 Photoshop 或 Windows 自带图像处理软件,将需要显示的图片处理成 128×64 像素的图片,图片保存格式为 bmp。在图片处理时要注意对比度和灰度的调节。LCD12864 是单色显示的液晶,彩色照片显示效果较差。图片处理后,用取模软件提取图片的字模即可,如图 6.2.5 所示。

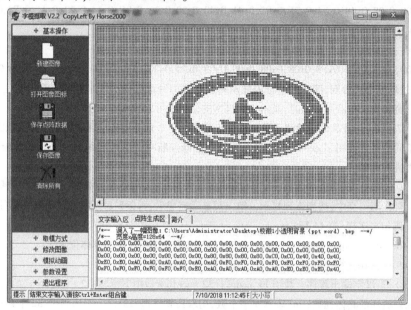

图 6.2.5　图片取模图

```
/*图片显示函数*/
void display_picture()
{
uchar i=0;      //定义页变量
uchar j=0;      //定义列变量
uint k=0;       //定义图片数组变量,注意变量范围
for(i=0;i<8;i++)      //满屏显示8页
  {
    for(j=0;j<128;j++)  //满屏显示128列
    { if(j<64)           //判断左屏显示
      {select_screen(1);  //左屏显示
      write_cmd(set_page+i);
      write_cmd(set_column+j);
```

```
        write_dat(picture_code[k++]);
    }
    else        //左屏超限后跨右屏
    { select_screen(2); //右屏显示
      write_cmd(set_page+i);
      write_cmd(set_column+j-64);
      write_dat(picture_code[k++]);
      }
    }
  }
}
```

　　上述程序中,if-else 语句用于左右屏的跨屏判断。if 语句控制左屏 64 列显示,左屏显示结束后,else 语句控制右屏 64 列显示。

3. 软件仿真

微课视频

表 6.2.5　仿真任务单

任务名称	LCD12864 显示控制仿真		检索编号	XM6-02-03
专业班级		任务执行人	接单时间	
执行环境	☑ 计算机:CPU 频率≥1.0 GHz,内存≥1 GB,硬盘容量≥40 G,操作平台 Windows ☑ Keil uVision4 软件　　　　☑ Proteus 软件			

任务大项	序号	任务内容	技术指南
仿真电路图绘制	1	运 行 Proteus 软件,设置原理图大小为 A4	运行 Proteus 软件,菜单栏中找到 system 并打开,选择"Set sheet sizes",选择图纸 A4。设置完成后,将图纸按要求命名和存盘
	2	在元件列表中添加表6.2.3"元件清单"中所列元器件	元件添加时单击元件选择按钮"P(pick)",在左上角的对话框"keyword"中输入需要的元件名称。各元件的 Category(类别)分别为单片机 AT89C52(Microprocessor AT89C52)、晶振(CRYSTAL)、电容(CAPACITOR)、电 阻(Resistors)、LCD12864 (AMPIRE128X64)、按键(BUTTON)、滑动变阻器(POT-HG)

续表

任务大项	序号	任务内容	技术指南
仿真电路图绘制	3	将元件列表中元器件放置在图纸中	在元件列表区单击选中的元件,鼠标移到右侧编辑窗口中,鼠标变成铅笔形状,单击左键,框中出现元件原理图的轮廓图,可以移动。鼠标移到合适的位置后,按下鼠标左键,元件就放置在原理图中
	4	LCD12864 电路连接	LCD12864 中的"V0"对应原理图中的"VL",接滑动变阻器。"-Vout"对应原理图中的"VEE",是液晶负压输入输出端,可以和电源地直接相连。其他引脚按照原理图连接即可 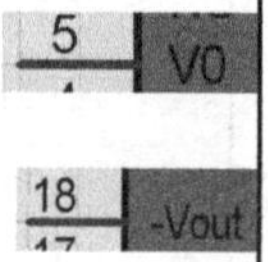
	5	添加电源及地极	单击模型选择工具栏中的 图标,选择"POWER(电源)"和"GROUND(地极)"添加至绘图区 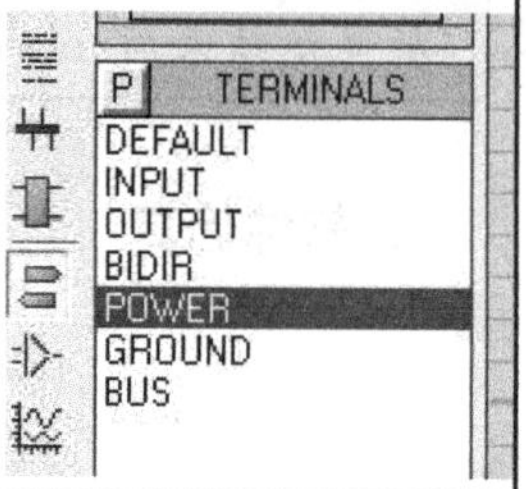
	6	按照表 6.2.3"硬件电路"将各个元器件连线	鼠标指针靠近元件的一端,当鼠标的铅笔形状变为绿色时,表示可以连线了,单击该点,再将鼠标移至另一元件的一端单击,两点间的线路就画好了
	7	按照表 6.2.3"元件清单"中所列元器件参数编辑元件,设置各元件参数	双击元件,会弹出编辑元件的对话框。输入元器件参数。"component reference"输入编号。"Hidden"勾选就会隐藏前面选项 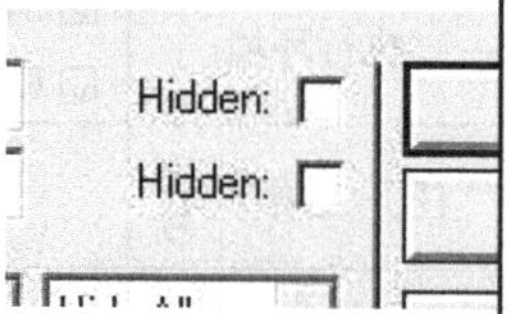
C 语言程序编写	8	运行 Keil 软件,创建任务的工程模板	运行 Keil 软件,创建工程模板,将工程模板按要求命名并保存
	9	录入表 6.2.4 中的程序	程序录入时,头文件引用语句要放在程序开始位置,程序中使用的循环左移库函数如果存在书写困难,可以打开"intrins.h"库进行复制
	10	程序编译	程序编译前,在 Target"Output 页"勾选"Create HEX File"选项,表示编译后创建机器文件,然后编译程序 
	11	程序调试	如果没有包含"reg51.h"头文件,程序会报: error C202: 'P0' : undefined identifier
	12	输出机器文件	机器文件后缀为.hex,为方便使用,要和程序源文件分开保存

续表

任务大项	序号	任务内容	技术指南
仿真调试	13	程序载入	在 Proteus 软件中,双击单片机,单击 ,找到后缀为 .hex 的存盘程序,导入程序
	14	运行调试	单击运行按钮 ▶ 开始仿真。在仿真运行时,红色小块表示电路中输出的高电平,蓝色小块表示电路中输出的低电平,灰色小块表示电路高阻态

4. 考核评价

表 6.2.6　任务考评表

名称		LCD12864 显示控制任务考评表			检索编号		XM6-02-04
专业班级			学生姓名			总分	
考评项目	序号	考评内容	分值	考评标准		学生自评	教师评价
仿真电路图绘制	1	运行 Proteus 软件,按要求进行设置	5	软件不能正常打开扣 2 分,设置不正确每项扣 1 分			
	2	添加元器件	5	无法添加元件,或者元件添加错误,每处扣 1 分			
	3	修改元器件参数	5	元器件、文字符号错误或不符合行业规定,每处扣 1 分			
	4	元器件连线	10	元器件连接错误,电源连接错误,网络端号编写错误,每处扣 1 分;连线凌乱,电路图不美观酌情扣 1~3 分			
C 语言程序编写	5	运行 Keil 软件,创建任务的工程模板	5	软件设置不正确,每项扣 1 分;Keil 工程创建错误,工程设置错误,每处扣 1 分			
	6	程序编写	10	程序编写错误,不能排除程序错误,每处错误扣 1 分			
	7	程序编译	10	程序无法编译,不能排除错误,每处错误扣 1 分			

续表

考评项目	序号	考评内容	分值	考评标准	学生自评	教师评价
仿真调试	8	程序载入	5	程序载入错误,仿真不能按要求进行,每处扣1分		
	9	运行调试	5	程序调试过程不符合操作规程,每处扣1分		
道德情操	10	热爱祖国、遵守法纪、遵守校纪校规	10	非法上网,非法传播不良信息和虚假信息,每次扣5分。出现违规行为,成绩不合格		
	11	讲文明、懂礼貌、乐于助人	10	不文明实训,同学之间不能相互配合,有矛盾和冲突,每次扣5分		
专业素养	12	实训室设备摆放合理、整齐	5	不按规定摆放实训物品和学习用具,每处扣1分。随意挪动设备,更改计算机设置,发现一次扣1分		
	13	保持实训室干净整洁,实训工位洁净	5	乱摆放工具、乱丢弃杂物、实训结束后不清理实训工位,每处扣1分		
	14	遵守安全操作规程,遵守纪律,爱惜实训设备。	5	不正确使用计算机,违反操作规程的(如非法关机),每次扣4.5分。故意损坏设备,照价赔偿		
	15	操作认真,严谨仔细,有精益求精的工作理念	5	操作粗心,实训敷衍,每次扣4.5分		
日期				教师签字:		

闯关练习

表 6.2.7　练习题

名称		闯关练习题		检索编号	XM6-02-05
专业班级			学生姓名	总分	
练习项目	序号	考评内容		学生答案	教师批阅
单选题 50 分	1	下列哪个是不带字库的 KS0108 类液晶的标志性引脚?（　　） A. FS 引脚　　　　　　　B. CS1 和 CS2 引脚 C. PSB 引脚　　　　　　D. V0 引脚			
	2	在 LCD12864 中,需要液晶左屏亮时,片选信号 CS1、CS2 的值是(　　)。 A. CS1 = 0,CS2 = 0　　　B. CS1 = 0,CS2 = 1 C. CS1 = 1,CS2 = 0　　　D. CS1 = 1,CS2 = 1			
	3	下列哪条语句可以实现 LCD12864 关显示的功能?（　　） A. write_cmd(0xC0);　　　B. write_cmd(0xB8); C. write_cmd(0x3E);　　　D. write_cmd(0x3F);			
	4	下列哪条语句可以实现 LCD12864 起始页地址设置的功能?（　　） A. write_cmd(0xC0);　　　B. write_cmd(0xB8); C. write_cmd(0x3E);　　　D. write_cmd(0x3F);			
	5	LCD12864 除显示字符和汉字外,还可以显示图片,它的显示图片像素是下列哪一项?（　　） A. 128×64 px　　　　　B. 16×2 px C. 64×64 px　　　　　D. 128×128 px			
判断题 50 分	6	CS1 和 CS2 是液晶片选信号控制引脚,是列驱动器 KS0108 的使能引脚,用于液晶左右屏的控制			
	7	LCD12864 显示需要指定显示位置,起始列地址设置以后,列地址会自动加 1,在 0—63 循环,不自动换行			
	8	LCD12864 显示汉字时,采用逐页逐列显示的方式。先显示第一页,在第一页中,按列逐列显示。第一页显示完成后,再逐列显示第二页			
	9	通过取模软件取出的汉字字模,显示高度是 16 行,宽 8 列			
	10	在 LCD12864 操作中,适当地设置清屏和关显示函数,可以防止显示重影的出现			
日期			教师签字:		

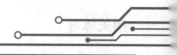

参考文献

[1] 王静霞. 单片机应用技术:C语言版[M]. 3版. 北京:电子工业出版社,2015.

[2] 程国钢,文坤,王祥仲,等. 51单片机常用模块设计查询手册[M]. 2版. 北京:清华大学出版社,2016.

[3] 谭浩强. C语言程序设计[M]. 3版. 北京:清华大学出版社,2014.